"少年轻科普"丛书

病毒和人类

共生的世界

U0396961

史军 / 主编

史军 姚永嘉 朱新娜 / 著

广西师范大学出版社

·桂林·

图书在版编目（CIP）数据

病毒和人类：共生的世界／史军主编.—桂林：广西
师范大学出版社，2021.1（2022.12 重印）
（少年轻科普）
ISBN 978 - 7 - 5598 - 3307 - 5

Ⅰ．①病… Ⅱ．①史… Ⅲ．①病毒 - 少儿读物
Ⅳ．①Q939.4 - 49

中国版本图书馆 CIP 数据核字（2020）第 194386 号

病毒和人类：共生的世界
BINGDU HE RENLEI：GONGSHENG DE SHIJIE

出 品 人：刘广汉　　　　　　特约策划：苏　震　　玉米实验室
策划编辑：杨　婴　姚永嘉　　责任编辑：杨仪宁
助理编辑：孙羽翎　　　　　　封面设计：DarkSlayer
内文设计：DarkSlayer　　　　插　　画：左　雅

广西师范大学出版社出版发行

（广西桂林市五里店路 9 号　　　邮政编码：541004 ）
（网址：http://www.bbtpress.com　　　　　　　　　　）

出版人：黄轩庄

全国新华书店经销

销售热线：021 - 65200318　021 - 31260822 - 898

湖南省众鑫印务有限公司印刷

（长沙县榔梨街道梨江大道 20 号　邮政编码：410129）

开本：720 mm × 1 000 mm　　1/16

印张：11　　　　　　　　　　字数：81 千字

2021 年 1 月第 1 版　　　　　2022 年 12 月第 4 次印刷

定价：42.00 元

序
PREFACE

每位孩子都应该有一粒种子

在这个世界上，有很多看似很简单，却很难回答的问题，比如说，什么是科学？

什么是科学？在我还是一个小学生的时候，科学就是科学家。

那个时候，"长大要成为科学家"是让我自豪和骄傲的理想。每当说出这个理想的时候，大人的赞赏言语和小伙伴的崇拜目光就会一股脑地冲过来，这种感觉，让人心里有小小的得意。

那个时候，有一部科幻影片叫《时间隧道》。在影片中，科学家可以把人送到很古老很古老的过去，穿越人类文明的长河，甚至回到恐龙时代。懵懂之中，我只知道那些不修边幅、蓬头散发、穿着白大褂的科学家的脑子里装满了智慧和疯狂的想法，它们可以改变世界，可以创造未来。

在懵懂学童的脑海中，科学家就代表了科学。

什么是科学？在我还是一个中学生的时候，科学就是动手实验。

那个时候，我读到了一本叫《神秘岛》的书。书中的工程师似乎有着无限的智慧，他们凭借自己的科学知识，不仅种出了粮食，织出了衣服，造出了炸药，开凿了运河，甚至还建成了电报通信系统。凭借科学知识，他们把自己的命运牢牢地掌握在手中。

于是，我家里的灯泡变成了烧杯，老陈醋和碱面在里面愉快地冒着泡；拆解开的石英钟永久性变成了线圈和零件，只是拿到的那两片手表玻璃，终究没有变成能点燃火焰的透镜。但我知道科学是有力量的。拥有科学知识的力量成为我向往的目标。

在朝气蓬勃的少年心目中，科学就是改变世界的实验。

什么是科学？在我是一个研究生的时候，科学就是炫酷的观点和理论。

那时的我，上过云贵高原，下过广西天坑，追寻骗子兰花的足迹，探索花朵上诱骗昆虫的精妙机关。那时的我，沉浸在达尔文、孟德尔、摩尔根留下的遗传和演化理论当中，惊叹于那些天才想法对人类认知产生的巨大影响，连吃饭的时候都在和同学讨论生物演化理论，总是憧憬着有一天能在《自然》和《科学》杂志上发表自己的科学观点。

在激情青年的视野中，科学就是推动世界变革的观点和理论。

直到有一天，我离开了实验室，真正开始了自己的科普之旅，我才发现科学不仅仅是科学家才能做的事情。科学不仅仅是实验，验证重力规则的时候，伽利略并没有真的站在比萨斜塔上面扔铁球和木球；科学也不仅仅是观点和理论，如果它们仅仅是沉睡在书本上的知识条目，对世界就毫无价值。

科学就在我们身边——从厨房到果园，从煮粥洗菜到刷牙洗脸，从眼前的花草树木到天上的日月星辰，从随处可见的蚂蚁蜜蜂到博物馆里的恐龙化石……

处处少不了它。

其实，科学就是我们认识世界的方法，科学就是我们打量宇宙的眼睛，科学就是我们测量幸福的尺子。

什么是科学？在这套"少年轻科普"丛书里，每一位小朋友和大朋友都会找到属于自己的答案——长着羽毛的恐龙、叶子呈现宝石般蓝色的特别植物、僵尸星星和流浪星星、能从空气中凝聚水的沙漠甲虫、爱吃妈妈便便的小黄金鼠……都是科学表演的主角。"少年轻科普"丛书就像一袋神奇的怪味豆，只要细细品味，你就能品咂出属于自己的味道。

在今天的我看来，科学其实是一粒种子。

它一直都在我们的心里，需要用好奇心和思考的雨露将它滋养，才能生根发芽。有一天，你会突然发现，它已经长大，成了可以依托的参天大树。树上绽放的理性之花和结出的智慧果实，就是科学给我们最大的褒奖。

编写这套丛书时，我和这套书的每一位作者，都仿佛沿着时间线回溯，看到了年少时好奇的自己，看到了早早播种在我们心里的那一粒科学的小种子。我想通过"少年轻科普"丛书告诉孩子们——科学究竟是什么，科学家究竟在做什么。当然，更希望能在你们心中，也埋下一粒科学的小种子。

"少年轻科普"丛书主编

目录
CONTENTS

对抗病毒的方法

共生的世界

01

肉眼看不见的杀手，居然是在烟草里发现的

　　人类与病毒的战争由来已久。从祖先出现在地球上的那一天开始，人类就陷入了这场旷日持久的战争。然而在过去数百万年的绝大多数时间里，人类几乎都处于被动挨打的局面。

　　原因很简单——因为我们根本不知道对手是谁。

天花、感冒都与病毒相关

在公元 2 ～ 3 世纪的时候，中国人和印度人同时记录了一种奇怪的疾病，这种疾病经常来势汹汹，患者会发高烧，接着全身会出现皮疹，皮疹通常会变成水痘模样的"脓疱"——这种疾病就是让人谈之色变的天花。

而在更早些时候的古埃及，法老们也被普通感冒所困扰，咳嗽、流鼻涕这些症状都被记录在了最早的医学文献《埃伯斯纸草卷》中。

今天我们已经知道，天花是由天花病毒引起的，而普通感冒一般是由鼻病毒引起的。但在 20 世纪之前，人类对于病毒的认识，比今天人类对火星的认识还要少，原因只有一个——病毒太小了。

我们可以去厨房里找一粒盐，这个四四方方的颗粒已经够小了吧。每一个盐粒的边长大多在 0.2 ～ 0.5 毫米。如果把这些盐粒排成一路纵队，至少两个才能凑够一条 1 毫米长的队伍。1 毫米有多长？我们看看直尺就知道了。

问题来了，如果把排队的成员换成细菌的话，1 毫米的队伍就能容纳 1000 个金黄色葡萄球菌；如果换作新型冠状病毒的话，这条队伍的成员更是猛增到8000 个以上。

那么如此微小的东西，人类又是如何发现的呢？

病毒的首次发现

19 世纪，烟草种植者注意到，栽培的烟草会患上一种疾病——患病烟草的叶片先是变得黄绿相间，厚薄不均，接着畸形的叶片越来越多，个头总也长不高，并且开花结果都要比正常的烟草差得多。因为患病烟草有着黄黄绿绿的花叶子，于是，人们给这种病害取了个名字，叫烟草花叶病。

对此，学者们首先想到的是细菌这样的致病微生物。从 17 世纪中叶开始，在英国科学家罗伯特·胡克和荷兰市政工作者列文虎克的努力之下，光学显微镜发展了起来，一个神奇的微观世界呈现在人类眼前。在随后的 200 年里，细菌与疾病的关系被梳理了出来。但是这一次，人们利用光学显微镜在患病的烟草上也看不到任何细菌。

科学家并没有放弃，1886 年，德国人麦尔把患病烟草叶片榨成汁，注射到健康烟草植株内。不出意料，健康烟草也患上了花叶病。这个实验说明花叶病确实是因为感染导致的。

早在1884年，法国微生物学家查理斯·尚柏朗发明了一种特殊的过滤器。与我们平常见到的筛子和滤纸都不一样，这种过滤器的基本材料是陶瓷。也就是说，只有比陶瓷中的孔洞还要小的物质才能通过过滤器，而细菌是无法通过的。1892年，俄国生物学家德米特里·伊凡诺夫斯基在研究烟草花叶病时发现，将感染了花叶病的烟草叶的提取液用尚柏朗氏过滤器过滤后，依然能够感染其他烟草。这说明，一定有有毒性的物质通过了过滤器。但是伊凡诺夫斯基并没有深究，他认为一定是细菌产生的毒素让烟草患病了，所以发现病毒的丰功伟绩就与他擦肩而过了。

1898年，荷兰微生物学家马丁乌斯·贝杰林克重复了伊凡诺夫斯基的实验，并且发现只有能够分裂的活细胞才会被过滤液体感染，说明导致烟草患病的绝对不是毒素，而是一种可以复制生长的东西，他把这种东西叫作"Virus"（病毒）。

然而在很多年以后，人类才第一次看到病毒的形象——因为病毒太小了，直到 20 世纪 30 年代，电子显微镜发明之后的 1931 年，人类才第一次看到病毒的真正模样。

人们最终认识到病毒是一种比细菌还小的致病体，这些致病微粒要依靠活的细胞进行繁殖。有趣的事情也正在于此，病毒并不能自己进行复制，必须依赖于其他生物的细胞。于是病毒究竟算不算生物，又引起了一场旷日持久的讨论。在接下来的章节里，我们将带大家一起去探索病毒的秘密生活。

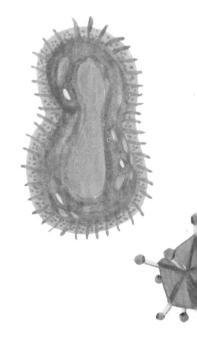

小贴士
病毒的大小

今天我们已经知道，如同人类和鲸鱼个头有差别一样，不同病毒家族的个头也有很大的差别，大多数病毒的直径在 10 纳米到 300 纳米之间。有一些丝状病毒的长度可达 1400 纳米，这已经超过了很多细菌的直径，但其宽度却只有约 80 纳米。

利用不同的显微设备，我们都能看到什么

普通单片放大镜：放大倍数通常不超过 10 倍，可以观察昆虫的翅脉。

解剖镜：放大倍数通常不超过 200 倍，可以观察植物根毛和昆虫的复眼。

光学显微镜：放大倍数通常不超过 1500 倍，可以观察细菌等单细胞生物，染色体等细胞结构。

电子显微镜：扫描电子显微镜放大倍数可以达到 2 万倍；透射电子显微镜放大倍数可以达到 5 万倍，可以观察病毒的样子。

人类想要观察到病毒，就必须使用电子显微镜。

02

从普通感冒说起，病毒靠什么感染人

　　1956 年，美国科学家温斯顿·普莱斯公布了一个重大发现，他发现了导致人类普通感冒的病毒——鼻病毒。实际上，普莱斯早在 1953 年就已发现了鼻病毒，他是等自己找到了对抗病毒的疫苗之后才公布了研究成果。

　　但是，普莱斯发现的疫苗并没有作用，到今天为止，人类也没有有效对抗普通感冒的药物和疫苗。即便我们已经有能力把人类送上月球，但是对自己鼻子里的小病毒却仍然束手无策，这是为什么呢？

鼻子里的病毒

鼻病毒之所以叫鼻病毒，就是因为这些病毒经常出现在人类的鼻腔之中。鼻病毒最喜欢温度在33～35℃的生活环境，而人体的核心体温通常在36℃以上，鼻病毒好像并不能在人体内活动。但是要注意，我们呼吸的时候，经常有气流穿过鼻腔，给这些部位降温。于是，包括鼻腔和咽喉在内的上呼吸道，就成了鼻病毒的安乐窝。

鼻病毒的个头很小，是世界上最小的病毒之一。新型冠状病毒的直径是100纳米左右，而鼻病毒的直径只有30纳米。有意思的是，并非所有的普通感冒都是鼻病毒引起的，有10%的普通感冒是由冠状病毒引起的，不过这些冠状病毒要比新型冠状病毒"温柔"许多，只会引起打喷嚏、流鼻涕和发热这些普通感冒的症状。

好了，说到这儿问题来了，如此小的鼻病毒又是如何产生的呢？

生命工地要图纸

要想说清楚病毒的事情，我们必须先了解一下自己的细胞。虽然我们每个人的长相和个头都不一样，但是我们的身体都是由细胞组成的。我们的长相和个头就取决于不同种类细胞的数量。如果把我们的身体比作一个城市的话，那不同的细胞就好像一个个小区。

想要建设小区，就一定需要施工图纸。通常会有两种图纸存在，一种是设计师在设计工作室里面的大图纸，这个图纸包含了整个工地的信息；另一种是施工队在工地现场使用的小图纸，只包括部分区域的施工信息，却能告诉施工的工人如何盖房子。

为什么要说工地呢？那是因为它与我们人体细胞的"建设工作"如出一辙。

人体所有细胞的大图纸叫DNA（脱氧核糖核酸）。细胞在生长的时候，DNA上的信息就会在一种特殊蛋白质——DNA转录酶的帮助下，"誊写"到一种叫mRNA(信使RNA)的分子上。人体细胞中的多种蛋白质就像是工地上的施工队，它们会看着mRNA图纸的信息，制造出新细胞需要的蛋白质。

为什么大图纸不能是RNA（核糖核酸）构成的，

非要写在 DNA 上呢？因为 DNA 的化学性质比 RNA 要稳定，可以保证信号的准确传达。单单是这一点，把遗传信息记录在 DNA 上的好处就不言自明了。

与此同时，还有一部分施工队在干另外一件事儿，那就是复制 DNA 大图纸。道理很简单，新的细胞也需要有这张图纸，去继续复制出更多的细胞。等到细胞施工队把新蛋白质和 DNA 都准备好了，细胞就开始分裂，所有的 DNA 和蛋白质被平分到两个细胞里面去，于是一个细胞就变成了两个细胞。

这就是人体细胞生长的基础。

缺少工人的工地

有意思的是，并不是所有病毒都会把遗传信息记录在 DNA 之上，有些病毒会把遗传信息记录在 RNA 上面。病毒这种看似因陋就简的做法，倒是顺便在人类抗击病毒的道路上挖了很多坑。具体缘由，我们在后续的章节会谈到。

病毒的增殖过程与人类细胞的复制过程机制是一样的。病毒也需要施工图纸和施工队，但是要注意了，病毒是一种异常简单的结构，病毒颗粒中压根儿就没有复制 DNA 和制造蛋白质所需要的施工队，所以病毒只能依赖于动物、植物或者人体的细胞中的施工队进行 DNA 和 RNA 的复制。换句话说，如果没有其他生物细胞的支持，那么病毒就无法增殖。这就是为什么到今天为止还有很多科学家认为病毒不是生命的原因。

现在我们知道病毒的核心是 DNA 和 RNA 了，但是单单有遗传核心是不够的，病毒要在环境中传播扩散，还需要一个装载遗传物质的外壳，这个外壳就叫"衣壳"。这个外壳像病毒的衣服，却比人类衣物的功能强大得多，它们还承担着侵入被感染细胞的重任。

所以，所有的病毒都是简单的、不能自己进行复制的颗粒，正因如此，科学家们并不认为病毒是生命。但是这些颗粒又可以侵染动物、植物，甚至是细菌。

我们今天对病毒的了解，在某种程度上比对月球表面的了解还要少。在未来，要想对付致命的病毒，还得从研究这些小小的颗粒开始。

小贴士

常见的 DNA 病毒和 RNA 病毒有哪些？

DNA 病毒：乙肝病毒、天花病毒。

RNA 病毒：流感病毒、冠状病毒、鼻病毒、艾滋病病毒。

流感和普通感冒的差别有哪些？

简单来说，这是两种完全不同的疾病，在英文中流感被称为"flu"，而普通感冒被称为"common cold"。流感是由流感病毒引起的疾病，患者不会打喷嚏、流鼻涕，但是会有四肢酸痛和高热（39℃以上）这种普通感冒所没有的症状。

人感冒了为什么会发烧？

简单来说，发热是人体与病毒战斗的一种方式，发热可以限制病毒的复制和繁殖。一般情况下，并不建议随意使用退热药。

03

禽流感 H1N1 和 H7N9，这里的 H 和 N 都是什么意思

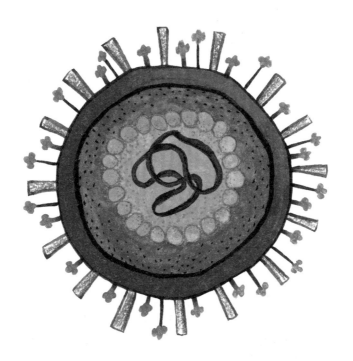

　　每到流感流行的季节，我们总能听到各种关于流感的词，比如说甲流和乙流，比如说 H1N1。

　　那么 H 和 N 到底代表什么？跟在这些字母后面的数字又是什么意思呢？

　　这些都要从病毒的外壳说起。

不同病毒的"衣服"不一样

我们在之前的章节中已经介绍了，病毒的核心就是承载病毒遗传信息的 DNA 或者 RNA，这些物质并不是裸奔状态，装载它们的外壳就是衣壳。

衣壳并不是简单的一个壳，病毒外壳至少分成三层：最内层是蛋白质构成的核心衣壳，它会紧紧地包裹在病毒的 DNA 或者 RNA 上；在核心衣壳外面，包裹着由蛋白质、多糖和脂类构成的膜，叫作"包膜"。这是病毒从被感染的宿主细胞膜上抢过来的；在包膜的最外面，还有一些特别的蛋白质凸起，这些凸起往往是病毒分类的重要特征，就如同人类的指纹一样。

好了，病毒的外套的分层大同小异。但就像不同人喜欢不同款式的衣服一样，不同病毒的衣壳长相差别极大，主要分为三类：

第一类是近似球形的外壳，比如冠状病毒和流感病毒就拥有典型的球形身体。如果细分结构的话，还能看到有些病毒的外壳是接近球形的正二十面体，最典型的就是脊髓灰质炎病毒。

第二类是螺旋形外壳，它们就像围脖一样一圈圈地绕在病毒的遗传物质上，其中的代表是烟草花叶病毒的衣壳。

第三类是复合型外壳，这种外壳的结构就很复杂了。绝大多数噬菌体（一类专门感染细菌的病毒）就拥有复合外壳，这个外壳包括一个二十面体形状的头部和一个螺旋形外壳构成的尾巴，以及支架模样的尾丝。乍看上去，噬菌体的模样像极了人类登陆月球时使用的太空船。当然，噬菌体的着陆目标不是月球，而是活的细菌细胞。

病毒的衣壳并不是简简单单的衣服，这上面还带着病毒侵染人体细胞等生物细胞所需的工具。

闯入人体细胞的工具

要注意的是，流感病毒并不是强行闯入人体细胞。相反，流感病毒是被人体细胞"请"到自己身体里的。这事儿听起来匪夷所思，却又是不折不扣的事实。人体细胞就这么傻吗？

并不是人体细胞傻，而是病毒太狡猾。为了维持正常的代谢，我们的细胞需要不停地进行物质交换，吃下营养物质，排出垃圾废物。那如何辨别营养和废物呢？细胞膜上有特别的识别系统，就好像门卫一样，它们能区分出哪些物质是细胞需要的，哪些是不应该放入细胞的。流感病毒就是利用了这种识别系统，进入细胞。

在流感病毒的表面有一种叫血凝素的蛋白（英文 hemagglutinin，它就是流感编号中的 H），这种蛋白质会跟人体细胞建立起联系，让人体细胞误以为病毒颗粒就是营养"运输车"，于是通过胞吞作用把病毒吞进了细胞。

当流感病毒的遗传物质闯进人体细胞之后，首先会释放出 RNA。然后就会利用人体细胞的生产系统，生产更多的病毒 RNA 和组成衣壳所需要的蛋白质。当 RNA 和衣壳蛋白质都生产了足够量的时候，新病毒组装就开始了，过程原理很简单，就是把新合成的 RNA 塞到新的衣壳里面去。新的流感病毒组装好之后，就会自由释放出去了吗？事情并没有那么简单。

释放病毒也需要工具

很多科普书中把释放病毒的过程描述成细胞爆炸释放出很多病毒，这是不正确的。病毒释放过程更像是发射火箭或者轮船下水。

如果我们仔细观看火箭发射或者轮船下水的画面，就会发现，在发射和下水之前，火箭和轮船都会被固定连接在发射台或者船台之上，只有切断连接，才能完成发射或下水流程。流感病毒也会碰到类似的问题,刚刚组装好的新的病毒颗粒,此时还连接在细胞膜上。

　　要想脱离细胞就必须切断连接,这个时候,流感病毒表面的另外一种蛋白质就出场了,那就是神经氨酸酶(英文 neuraminidase,也就是流感编号中的 N 了),这种酶就像斧头一样,砍开了连接细胞与病毒的神经氨酸。这样一来,病毒就会脱离人体细胞,去感染新的细胞了。

　　注意,不同流感病毒所使用的血凝素和神经氨酸酶在细节上会有所不同,这就是为什么会有不同编号的原因了。

04

为什么出过水痘的人极少再出水痘

　　30 年前，我得了一场病，先是高烧不退，很快，身上冒出了很多像黄豆一样的小水泡，之后这些疱疹就会干瘪下去。如果忍不住去挠，就会留下难看的疤痕。在随后的这 30 年时间里，我再也没有得过同样的疾病。这种疾病就是水痘 – 带状疱疹病毒引起的水痘。

　　我每年都至少会得一次感冒，但不会再出水痘了，这是为什么呢？

对抗病毒，人体有武器

人体内有两类对付病毒的武器，分别是免疫球蛋白和干扰素。

当病毒进入人体的时候，免疫球蛋白会首先行动起来，它们会瞅准病毒扑上去，与病毒结合在一起，这样就能阻断病原体对机体的危害。简单来说，免疫球蛋白就是警察，可以把病毒强盗直接摁倒在地上。

当然，有的时候病毒太狡猾，逃过了免疫球蛋白的追捕。这个时候也别担心，人体还有干扰素这种武器。

干扰素，顾名思义，就是干扰病毒复制的物质。干扰素先是活化一种叫"核糖核酸水解酶 L"的特殊蛋白质，而"核糖核酸水解酶 L"能把细胞内的病毒 RNA 全部摧毁。同时，干扰素也可以活化蛋白激酶，把细胞内未完成的病毒蛋白质给破坏掉。这看起来是个完美的对付病毒的武器。那有了干扰素，病毒感染人体的时候，完全不用吃药啊。但事情并非如此简单。

免疫系统要有好眼神

看起来，人体强大的免疫系统，就如同保护社会安定的警察叔叔，他们都在维护整体的良性运转。警察制服罪犯的第一件事是什么？第一件事，是要认清楚谁是坏人。同样的，人体的免疫系统要对抗入侵者，首先要做的是辨别出哪些颗粒才是真的有害物质。

我们每天都需要呼吸、吃饭、喝水，与环境交换很多物质。如果不加辨别地把病毒与正常的蔬菜水果混为一谈，无差别攻击，那我们的身体就乱套了。

还好，我们的免疫系统通常能认出那些坏蛋的脸。还记得病毒表面的那些蛋白质吗，那就是免疫系统识别坏蛋的依据。比如我们熟悉的禽流感H1N1，其中的H和N就是这样的识别特征，H代表红细胞凝集素（血凝素），N代表神经氨酸酶，这两种蛋白质是病毒侵染细胞的工具，也是免疫系统识别坏人的依据。瞅着这些特征冲上去，免疫系统就不会扑空了。

又一个问题出现了，如果免疫系统从来没有见过某种病毒的"脸"，怎么办？

如何贴出通缉令

理论上，只要得过一种疾病，我们的身体就有了相应的抗体，免疫系统就会记住导致这种疾病的病毒的模样，等病毒下次再来，面对的就是早有防备的免疫系统了。出过水痘的朋友几乎不会再出水痘，就是这个原因。

然而，有些疾病本身就是致命的，而且一旦感染就很难痊愈，比如说狂犬病和脊髓灰质炎就是这样的致命疾病，中招者凶多吉少。那如何对付这些病毒呢？答案是接种疫苗。

疫苗的出现挽救了大量生命。疫苗的原理很简单，就是将灭活或者降低毒性的病毒注射到人体中，让人体拥有免疫力。就好比说张贴出通缉令，让免疫部队都认准坏人的脸。当真的活病毒来捣乱的时候，我们的免疫系统就能有的放矢，保卫我们的身体了。

THE SHARED WORLD OF VIRUSES AND HUMANS

如果免疫系统能记住坏蛋的模样，那我们只要注射一次疫苗就能对抗一种病毒了，为什么流感疫苗需要我们每年都注射呢？流感病毒为什么会成为难以对付的对手？我们将在接下来的文章中，去寻找这种狡猾病毒的秘密。

小贴士

既然人体拥有免疫球蛋白和干扰素，为什么还需要吃药？

　　虽然免疫球蛋白和干扰素都非常强大，但也有两大缺点，一是数量太少，二是集合太慢。

　　那些已经抓住病毒的免疫球蛋白，不能丢下自己手里的坏蛋，因为它们一松手坏蛋就跑了。所以想要对付汹涌而来的病毒，就需要大量的免疫球蛋白，但是人体生产调集免疫球蛋白需要一段时间，很多时候，细胞等不到免疫球蛋白警察到来就已经被病毒产生的毒素杀死了。

　　同样的，人体细胞只在受到低病毒力的病毒感染之后，才有机会大量合成干扰素；那些毒力超强的病毒，总是会在细胞合成足量干扰素之前，就把细胞杀死。

　　总的来看，免疫球蛋白和干扰素是万能型的药物，但也都是救急的手段，并不能强行大规模使用。我们还需要药物来对抗病毒。

05

流感为什么防不胜防

　　2017 年春天，我第一次去婆罗洲探访那里的稀有动植物。在沙巴的红树林保护区里，我第一次看到了壮观的红树林，只在教科书里看到过的气生根、胎生种子都呈现在了眼前。在公园游逛的时候，我发现了一个小小的鸡舍，里面有十来只鸡在来回溜达，这难道是保护区管理员养来改善生活的吗？事情并没有这么简单。

从养鸡笼预测禽流感

在保护区内设立的小鸡舍承担着非常重要的使命，那就是监测禽流感的动向。每年秋季和春季都会有大批的候鸟经过沙巴的红树林保护区向南或者向北迁徙，这些鸟类身上有可能携带了致命的禽流感病毒，实时监测有助于我们做好应对方案。

但是人类不能为了发现病毒，而去随意捕捉野生鸟类，于是，这些饲养在红树林中的鸡，就成了为人类放哨的先锋，因为它们会被候鸟身上的禽流感病毒感染。研究人员会定期检测鸡舍里鸡身上所带的病毒，从而判断病毒的变化趋势，为对抗病毒做好准备。

话说回来，禽流感病毒与人流感病毒是一个大家族的成员，但前者是在禽类之间传染的病毒。

在通常情况下，禽流感病毒并不会感染人类，但是意外总是会发生。

猪流感为什么很可怕

2009年4月，以美国西南部和墨西哥为起点，全球暴发了一次超大规模的流感事件。在这次流感大流行里，全球有超过6500万人被感染，当年至少有18449人失去了生命。这场突如其来的流感是如何发生的呢？

很快，科学家找到了这次流感的元凶——H1N1高致病性流感病毒。让人惊异的是，这次流感病毒的一部分遗传信息来自人流感病毒，而另一部分遗传信息来自禽流感病毒，但是这种组合并不是在人身上或者鸟类身上完成的，完成致命病毒组装的场所，竟然是猪！

上文说过，禽流感通常是不会直接传染给人的。但是流感病毒却可以在人和猪之间来去自如，与此同时，猪也容易感染禽流感。当生病的猪同时感染了人流感和禽流感之后，病毒就开始在猪的细胞中同时进行复制。复制完成的人流感和禽流感RNA，就像杂烩粥一样混在一起。

当这些RNA被装到病毒衣壳里面去的时候，完全就不会区分哪些来自人流感病毒，哪些来自禽流感病毒。这种阴差阳错的组装导致了新病毒的诞生，它们不仅能轻松感染人类，还获得了来自禽流感的高毒性。而猪这位"二师兄"不知不觉就变成了病毒发酵罐。

即便如此，人类也并非束手无策。理论上，只要我们找到所有的病毒组合，依靠这些信息来制作疫苗，那不就能有效对付流感病毒了吗？事实确实也是如此，随着疫苗的实验成功和推广，H1N1流感终于被人类控制。

但是事情并没有完结，流感病毒会改变长相，躲过人体免疫系统的追捕。

总是会出错的流感病毒

说起来，流感病毒经常变换长相，竟然是因为流感病毒太笨了。作为一种RNA病毒，流感病毒在复制自己的遗传信息的时候总是会出错。

RNA病毒与DNA病毒最大的差别就在于，前者在复制过程中没有纠错系统，所以经常会出现差错。病毒这种看起来很"蠢笨"的行为却给人类免疫系统出了难题，因为这些"坏人"（RNA病毒）的"脸"

（识别特征）经常变来变去。

人体虽然通常可以因为接种疫苗或者患病获得对DNA病毒（比如乙肝和水痘）长期免疫的能力，但要想获得对RNA病毒（比如流感病毒、冠状病毒）长期的免疫力就很难了，因为它们总是在变，这就是为啥我们乙肝疫苗打了以后很长时间都不用再打，但是流感疫苗却需要每年都打的原因之一。

还好，人类研制出了奥司他韦这种有效对抗流感病毒的药物。这种神药是如何发挥作用的，为什么得了流感吃抗生素并没有用处呢？在接下来的章节中，我们将带你去检阅那些人类手中的抗病毒药物。

为什么冬春季节容易暴发流感

到目前为止，并没有一个确切答案。

之前科学家对此有诸多推测，比如冬季人群聚集，人与人接触多了就会更有利于病毒传播；再比如因为冬季空气较干燥，这会使黏膜水分减少，造成呼吸道无法有效排出病毒颗粒。病毒在低温的表面也能存活较久，干冷（低于5℃）的环境也更适于通过水雾传染。

然而热带区域的流感并没有上述规律，流感暴发期总是在雨季来临的时候。

还有一位叫罗伯特·埃德加·霍普 – 辛普森的科学家提出维生素 D 可能是影响流感传播的关键，因为在冬天人们晒太阳的时间减少，引起体内维生素 D 减少，所以易于感染。但是在今天的动物类食物中存在大量的维生素 D，这种差别早就不复存在，所以这种学说也有明显的漏洞。

为什么会有季节性流感暴发现象，这个困扰人类的谜题还需要大家去研究和破解。

不管怎样，感染者咳嗽或打喷嚏时，把含有病毒的飞沫（即传染性飞沫）散布到空气中，周围的人会因吸入这些飞沫而感染。病毒还可通过感染病毒的手来传播。所以戴好口罩、勤洗手、避免人群聚集是对抗流感和其他呼吸道传染病的黄金原则。

06

"超长待机"的艾滋病病毒

在传染病控制中，有一个基本的做法就是隔离防控。比如在 2020 年的新型冠状病毒疫情中，就要求那些接触过患者的人隔离 14 天，隔离期过后才能外出活动。这是因为，感染新型冠状病毒之后，患者并不会立刻发病，大多数病人会在 14 天内发病。这也就成了设定隔离期的依据。

很多病毒进入人体之后，并不立即引起病症，而是会潜藏起来，这段时间就叫作潜伏期。不同病毒的潜伏期有长有短，比如流感病毒的潜伏期是 1 ~ 3 天，普通感冒的病毒潜伏期是 2 ~ 5 天。有一些病毒可以在人体中潜伏 10 年以上，这就是让人谈之色变的艾滋病病毒（HIV）。

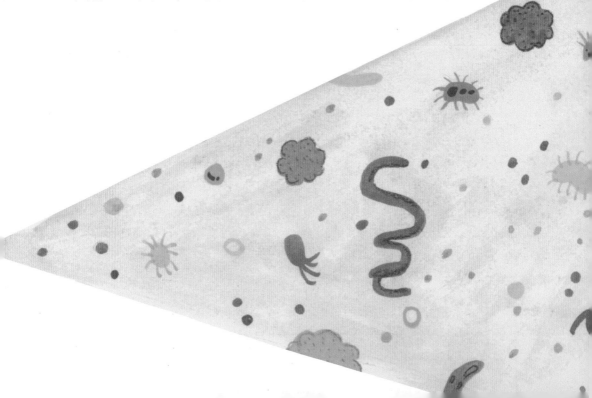

摧毁免疫系统的病毒

1981 年，美国医生开始观察到一些奇怪的病例，比如有些成年人患上卡氏肺囊虫肺炎 (PCP)。在 20 世纪 50 年代前，这种疾病仅见于早产儿、营养不良婴儿。随着肿瘤化疗技术的广泛使用，一些因为长期治疗，免疫系统受损的患者也会患上这种奇怪的疾病。但除去这些特殊情况，卡氏肺囊虫肺炎并不会在健康人群中出现。

在接下来的几年时间里，越来越多的奇怪病例出现在医生面前，患者有体重减轻、慢性咳嗽、慢性腹泻之类的症状，而引起这些症状的细菌感染压根就不会出现在健康人身上，还有一些人患上了莫名其妙的癌症。看起来，这些患者的免疫系统在一夜之间轰然倒塌，人体这座城堡城门洞开，细菌病毒蜂拥而入搞破坏。这种病就是今天尽人皆知的艾滋病，而这种病确实与人类的免疫系统有关。

在正常情况下，免疫系统维持着人体的

正常运转，对外进行免疫防御，对内进行免疫监视。

免疫防御就是，比如利用抗体把有害的入侵者层层包裹起来，阻止它们干坏事儿。丙种球蛋白就是干这个事情的。接下来，免疫系统中的淋巴细胞还会释放出干扰素来阻止病毒合成。

与此同时，在绝大多数情况下，人体内的细胞都会有条不紊地执行自己的任务。但是在某些特殊条件下（比如遭遇辐射、病毒侵染），细胞就会出现问题。举个例子，如同树上的树叶会凋谢一样，那些工作时间已满或者已经损坏的细胞按照程序会被拆解，这个过程叫细胞凋亡。但是有些细胞跳过了凋亡这一步，获得了永生。细胞永生不是好事儿吗？对人体来说，绝对不是！

因为这些永生的细胞本身是有问题的，换句话说，它们已经失去了正常的功能，这些细胞大量扩增只会给人体带来大麻烦。这种情况在疾病表现上就是，癌症！

正常情况下，我们的免疫系统会及早清理掉那些捣乱的癌细胞，所以健康人才避免了癌症的侵袭。

正是免疫系统勤勤恳恳地工作，人体才能正常运转。HIV 的攻击对象是 CD4+T 细胞，这正是人体免疫系统的重要组成部分，对外负责免疫防御，对内负责免疫监视。

HIV 把人体免疫系统搞瘫痪，所有致病微生物和癌细胞就能在人体内为所欲为了。大部分的病人都会因为细菌感染和恶性肿瘤而失去生命。

藏进人体的病毒 DNA

通常来说，生物体内承载遗传信息的 RNA 都是以 DNA 为模板合成的，之后再以 RNA 为模板去指导蛋白质合成。从 DNA 到 RNA 再到蛋白质，再加上 DNA 的复制，构成了生物细胞生长的基本原则。无论动物、植物还是真菌，所有生物的细胞都会遵循这个规则。在遗传学上，在分子生物学上，这个规则被称为"中心法则"。

　　但是，有一类病毒偏偏超出了一般规则，那就是以艾滋病病毒为代表的逆转录病毒。所谓逆转录就是转录过程的逆向过程，简单地说就是由 RNA 模板制造出 DNA 的过程。

　　逆转录病毒，并不像寻常的 RNA 病毒那样，冲进宿主细胞就开始复制 RNA。它们会先做一件事，那就是通过逆转录酶，先制造出携带病毒遗传信息的 DNA，然后插入到人体 DNA 中去。

　　那些混入人体 DNA 的病毒基因，可以随着人体细胞的复制而持续复制，就这么在人体细胞中悄悄隐藏起来。正因为逆转录病毒的这个特性，从感染到发病，艾滋病拥有 9 个月到 20 年以上的潜伏期！

特殊的鸡尾酒疗法

由于 HIV 感染人的特点，到目前为止，人类几乎没有完全治愈这种疾病的可能。还好人类已经有了一些对抗艾滋病毒的武器，那就是抗逆转录类药物。

上文说到，HIV 的合成需要利用 RNA 逆转录成为 DNA，插入人体的 DNA 中才行。只要阻止这一步发生就可以阻止病毒扩散。抗逆转录药物在体内转化成活性的三磷酸核苷衍生物，与天然的三磷酸脱氧核苷展开竞争，争着与 HIV 逆转录酶结合。注意了，这些来自药物的三磷酸核苷衍生物一旦与逆转录酶结合，逆转录过程就会停止，HIV 也就不能进行复制了。

1995 年，由美籍华裔科学家何大一提出，将两大类当时已有的抗艾滋病药物（逆转录酶抑制剂和蛋白酶抑制剂）中的 2 ~ 4 种（目前通常使用 3 种或 3 种以上）组合在一起使用，称为"高效抗逆转录病毒治疗方法"。因为配药的过程特别像调制鸡尾酒，所以这种治疗方案被通称为"鸡尾酒疗法"。

因为艾滋病难以治愈，所以最有效的对抗途径就是避免感染。对于青少年来说，不沾染毒品，不过早偷尝禁果是避免艾滋病感染的有效方法。

小贴士

与艾滋病病人握手会被传染吗？

当然不会！

HIV 暴露在空气中后，会在几秒钟到几分钟之内死亡，所以只能通过血液等人体体液接触进行传播。对于青少年而言，洁身自好、拒绝毒品是避免感染 HIV 的重点。

与艾滋病病人握手、共同进餐都不会感染艾滋病。

免疫系统越敏感越好吗？

当然不是！

如果免疫系统处于过激的状态，我们的身体就会变得一团糟。比如，春季踏青的时候沾了一点点花粉，身上就起疹子；有一点尘螨进入鼻子，就不停地打喷嚏，这些情况就是我们通常所说的"过敏"了。

免疫系统还有更"神经质"的行为，就是把我们自己的细胞当作外来有害物质进行攻击，新型冠状病毒肺炎就有这样的情况，免疫系统迷失了自我，开始无差别攻击，结果就把人体自身搞得乱七八糟，甚至丧失功能。

通常情况下，我们既不希望免疫系统认不出入侵者，当然也不希望免疫系统无缘无故"发神经"。

07

不是病毒的病毒——朊病毒

　　1732 年，英国一家牧场的农夫记录了一种奇怪的现象，有些羊不停地在树枝和石头上摩擦自己的身体，好像在不停地挠痒痒。同时，它们走起路来就像醉汉一样，站立不稳，烦躁不安，直至瘫痪死亡。因为发病的时候，这些羊都会挠痒痒，于是这种病症被命名为"羊瘙痒症"。

　　在随后的两百年间，除了知道得此病的母羊生下的小羊会出现相同的病症之外，人类对这种病症的认识几乎为零。

元凶竟然是蛋白质

20 世纪初，随着微生物学的迅速发展，科学家再次把目光聚焦到了"羊瘙痒症"上。很快，科学家就排除了细菌、病毒和其他致病微生物的嫌疑。1960 年和 1967 年，英国科学家蒂克瓦·阿尔珀和约翰·格里菲斯分别提出了"羊瘙痒症"的感染因子可能仅仅由蛋白质组成。

这是一个大胆的假设，因为这个年代恰恰是核酸和脱氧核糖核酸被确立为遗传中心物质的时期，科学家都认为生物一定是依靠 RNA 和 DNA 传递遗传信息的，动物如此，植物如此，细菌如此，病毒也如此。在当时说蛋白质具有感染致病能力，就好像在牛顿的时代说宇宙起源于一场大爆炸一样不可思议。最终，阿尔珀和格里菲斯这两位科学家的研究并没有得到重视。

直到将近 20 年之后的 1982 年，美国加州大学旧金山分校的史坦利·布鲁希纳才将工作推进了一步，进一步从感染"羊瘙痒症"的羊脑样品纯化感染因子。在将细菌、病毒与核酸等成分去除之后，他发现剩下的蛋白质仍具有感染性。这是一个重要的研究突破。

布鲁希纳最终证明"羊瘙痒症"是由特别的蛋白质引起的，并将这种新发现的病原体称为朊毒体（朊病毒），一种可以导致疾病的蛋白质。

这些被称为朊病毒的蛋白质与正常的蛋白质有一模一样的氨基酸组成，连氨基酸的排列顺序都是一模一样的，但是两者的结构却不一样。朊病毒并不能溶解在水中，而是聚集在一起。

更麻烦的是，那些结构错乱的朊病毒能够"感染"正常的蛋白质，让它们也变成朊病毒的模样，然后再去感染正常的蛋白质，如此扩散。很快，正常的蛋白质就不复存在，出现问题的蛋白质都堆积在神经系统周围，造成神经系统坏死。本来有着致密脑组织的大脑，就变得像一块千疮百孔的海绵一样。随后，患病的羊就出现了文章开头描述的那种症状。

幸运的是，到今天为止，并没有羊瘙痒症感染人类的病例。但是，人类却手把手地导演了另外一场惨剧，那就是疯牛病。

疯牛病，人类自己惹的祸

虽然朊病毒的危害性很强，但传染性却不是很强。但是，人类为了获取更多食物的怪异行为却打开了潘多拉魔盒——让小牛长期吃下受朊病毒污染的饲料，从而导致其大脑病变（大脑组织变成了海绵状），患上疯牛病。问题来了，通常情况下，牛都是以牧草或者谷物为食物，怎么会吃下存在于动物中的朊病毒呢？

20世纪80年代到90年代，包括英国在内的西欧国家为了提高生产效率，会把动物的肉和骨头的混合物（肉骨粉）加入饲料中，用于给牛补充蛋白质。而那些因瘙痒症而被淘汰的动物也成为肉骨粉的原料，带病原体的肉骨粉混入饲料后，小牛长期食用就可能感染疯牛病。

更糟糕的是，人类吃下患有疯牛病的牛肉之后，其中的朊病毒会进入人体，进而影响人体中正常的蛋白质，最终引起类似疯牛病的症状，这种病被称为新型变异型克-雅二氏病。病人会有不正常的抽搐、痴呆、口齿不清、共济失调（平衡和协调功能障碍）、行为或人格改变，非常类似疯牛病的表现。

还好，人类已经搞清楚了疯牛病的来源和病因，通过控制饲料和加强检验检疫，疯牛病在全球范围内已经得到了有效控制。这件事告诉我们，千万不要随意违背自然的规律，否则"小聪明"都可能带来大自然的惩罚。

蛋白质的长相，由谁决定

在发现朊病毒之前，科学家一直坚信有着相同氨基酸排列的蛋白质在形态上也是唯一的。这就是在1973年由美国科学家克里斯琴·安芬森提出的"蛋白质分子的一级结构决定其立体结构"理论。

简单来说，就是当时的科学家都认为，如果是一张纸那就必然会变成纸飞机，如果是铁皮那就必然会变成水桶。但是，朊病毒的发现，彻底颠覆了科学家的认知，一张纸有可能做成纸飞机，也有可能变成风车或者小船。也正是这个发现，推动了蛋白质空间结构研究，为我们更好地认识生命现象，开启了新的大门。

除了朊病毒，还有哪些类似病毒的病原体？

还有类病毒和拟病毒。

与 RNA 病毒一样，类病毒遗传物质是一小段 RNA，但是类病毒没有外壳。类病毒是借助宿主的 RNA 聚合酶 II，在细胞核中进行的 RNA 到 RNA 的直接复制。

至于说拟病毒，它们同类病毒一样，也是裸露的 RNA。有意思的是，这类致病因子并不能单独感染宿主，它们就像狗头军师一样躲在冲锋陷阵的病毒之后，伴随病毒侵染宿主细胞完成自己的复制。把"狼狈为奸"这个词用在拟病毒身上再合适不过了。

病毒和人类：共生的世界

消失的天花

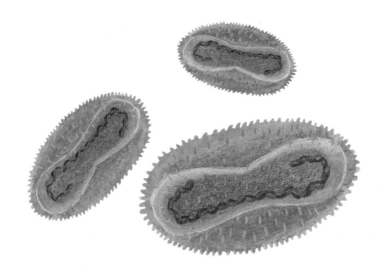

  鲁迅先生写过一篇文章，描述了自己两三岁的时候，一次接种疫苗的经历：专门负责种痘的"痘医"，在小鲁迅的胳膊上划开了几个小口子，点了些痘浆，接下来的几天，小口子里发出痘来，痊愈之后，接种就算成功了。

  接种牛痘是为了预防一种叫作天花的传染病。这是一种非常古老而可怕的疾病，由天花病毒引起。早在3000年以前的古埃及法老木乃伊上，就留有天花的疤痕。感染了天花的人，皮肤上会起很多带脓的水泡，每10个患病的人里，就会有2～3个人死去。即便有幸活下来，也会留下很多被称为"麻子"的疤痕。

比牛痘更早的是人痘

除了鲁迅文章里提到的牛痘，在我们国家，民间为了预防天花的接种，早在 400 多年前的明朝就已经开始了。只不过，那时候人们用的不是牛痘，而是人痘。这是一种用轻症天花患者身上的痘浆、痘疮结痂，或是用天花病人穿过的沾有天花痘浆和痘疹的衣服，去感染未患过天花的人，通过轻微感染的方式来获得免疫的方法。今天来看，接种这种疫苗的代价是很大的，每 100 个接种的人之中，就有 2 ~ 3 个人会因为严重的天花感染而死去。不过，比起自然发病的天花病死率，接种人痘的死亡率降低到了自然发病的十分之一！

1700 年，东印度公司的商人将中国的人痘介绍给了伦敦的皇家学会，但是，并没有在欧洲掀起什么波澜，人们依然沿用着奇奇怪怪的天花疗法，比如，房间内禁止烧火，日夜都开着窗户，让病人每 24 小时喝 12 瓶啤酒，等等。

真正将人痘引入欧洲的是一名英国的贵族——蒙塔古夫人。1715 年，一场严重的天花，使她美丽的面容尽毁。18 个月后，她 20 岁的弟弟也死于该病。

1717 年，蒙塔古夫人的丈夫被任命为奥斯曼帝国（今土耳其）大使。他们到达伊斯坦布尔几个星期后，蒙塔古夫人就写信给自己的朋友，谈到奥斯曼帝国宫廷使用的一种天花疫苗，称自己决心要阻止天花的肆虐。她命令大使馆外科医生查尔斯·梅特兰为她 5 岁的儿子接种。1721 年回到伦敦后，她又让梅特兰当着宫廷医生的面为她 4 岁的女儿接种。几个月之后，梅特兰对 6 名囚犯进行接种。条件是，如果接受试验，他们就会得到国王的赦免。结果，接种后的囚犯都活了下来，后续的试验也证明他们对天花免疫了。第二年，梅特兰成功地接种了威尔士公主的两个女儿。不出所料，在这次成功之后，人痘获得了普遍的认可，从英格兰传播到整个欧洲。

牛痘的发明

1796 年，一个 8 岁的男孩在英格兰的格洛斯特接种了天花，为他接种的医生名叫爱德华·詹纳。他对人痘天花疫苗进行了一项关键的"改进"，将接种的死亡率降到了一百万分之一。

詹纳很早就听说得过牛天花（牛痘）的挤奶女工就永远不会得天花了。比起天花，牛天花要温和很多，一般不会致死。他从一个年轻的挤奶女工的手臂取牛痘浆，接种给了这个 8 岁的男孩。两个月之后，又给这个男孩接种天花，这次他用的是刚从天花患者身上取出的新鲜痘浆。结果，男孩没有染病，牛痘是有效的！詹纳得出结论，牛天花传播给人，不仅可以预防天花，而且可以作为一种保护机制从一个人传播给另一个人。

天花疫苗回到中国

10 年之后，商人将牛痘经澳门传入广州，重新介绍到中国，这便是鲁迅接种的那种疫苗了。1950 年 10 月，周恩来总理签发了中央人民政府政务院《关于发动秋季种痘运动的指示》，中国第一次开展全国性的计划免疫运动。到 1952 年上半年，有超过 5 亿人次接种牛痘。到 1961 年，我国境内不再有天花病例。1979 年 10 月 26 日，世界卫生组织宣布彻底消灭了天花。

虽然人痘和牛痘接种法对预防天花都有效，但是，使用它们进行接种的医生们并不知道其背后的原理，直到 1947 年，人类才通过电子显微镜第一次目睹天花病毒的面貌。

今天，天花不再能威胁人们的生命，我们总算是克服了这个疾病。

09

蚊子和巴拿马运河的故事

今天，我们通常认为，发烧是一种可以用非处方药物控制的症状。

但是，在 200 年以前的美洲人眼中，发烧等于疾病本身。发烧不仅仅是体温升高和身体不适，它意味着一个人的生命将被重新安排。

黄热病：从蚊子、猴子到人类

那时候，美洲流行着一种非常可怕的疾病，得了这种病的人，一开始只是发热、头痛、黄疸、肌肉疼痛、恶心、呕吐和乏力……但是，这些患者之中，有一小部分人会发展成重症，这之中又有近一半会在 7 ~ 10 天内死亡。这种病就是由黄热病毒导致的黄热病，病名中的"热"指的是发热，"黄"指的是影响一些患者的黄疸。

黄热病是什么时候出现的，至今没有确切的答案。科学家认为，它已经困扰世界至少 3000 年了。

导致黄热病的病毒几乎可以肯定起源于非洲，一开始，它们在埃及伊蚊和猴子之间来回传播，而且可能已经感染人了——蚊子叮咬了患有黄热病的患者，体内就会携带黄热病毒，当它再叮咬另一个人，疾病的传染就完成了。只不过，那时候的人们散落在很小的村落里，黄热病不会造成大规模的传播。

恐怖的微型杀手

数千年来，携带病毒的蚊子适应了乡村生活，然后适应了城市生活，随着奴隶贸易，搭乘远洋航船前往新大陆的港口城市。在1668～1699年间，美国的纽约、波士顿等城市都报告了黄热病疫情。每年春天，蚊子的数量都会增加，然后在冬天减少，黄热病的流行也似乎有着类似的规律。不过，那时候的医生并没有怀疑黄热病与蚊子有关，而是认为，黄热病是通过人与人之间的接触传播的。

因为这种误解，大多数控制疫情的努力都成了徒劳。直到1881年，一位古巴的内科医生卡洛斯·芬莱才第一次提出"蚊子传播黄热病"的观点，他用携带病毒的蚊子，叮咬一名试验对象，随后这个人出现了黄热病。

然而，科学界仍然普遍不相信芬莱。与此同时，新奥尔良这个气候适合蚊子生存，并以买卖奴隶为主要贸易的港口城市，每年都有数千人死于黄热病。到19世纪末，美西战争期间的古巴战场，只有不到 1000 名士兵在战斗中死亡，但是有 5000 多名士兵死于疾病，其中大多数死于黄热病。

战争期间，美国军方为了应对黄热病死亡成立了黄热病委员会，主要任务是研究黄热病的起因和传播途径。

1900 年，委员会的领导沃尔特·里德少校在古巴开展了一系列试验，他让调查团的成员当志愿者，把他们安排在不同房间，有的房间被黄热病患者用过的物品严重污染，但是没有蚊子；有的房间清洁程度近乎苛刻，但是，却被放进了叮咬过黄热病患者的蚊子。结果，被蚊子叮咬的人，患上了黄热病。里德的这个在今天看来违背了伦理原则的试验，印证了芬莱博士的猜测。委员会在古巴启动了蚊虫控制项目，改善卫生条件，使用杀虫剂进行熏蒸，抽干蚊子幼虫（孑孓）赖以生存的水塘，黄热病病例数量急剧下降。

从发现传染源到切断

里德取得的成功也挽救了巴拿马运河建设项目。

20世纪初，大约85%的运河工人因疟疾或黄热病住院，成千上万的工人死亡。他们被黄热病吓坏了，一有黄热病的迹象，就成群结队地逃离工地。

曾和里德少校一起工作过的戈尔加斯博士就说服罗斯福总统拨款，在巴拿马开展灭蚊工作。戈尔加斯和他的"蚊子大队"花了一年时间来阻止蚊子产卵。他们用杀虫剂对工棚、民居进行了熏蒸，并向水塘喷洒了矿物油，以阻止蚊子的繁殖。到1905年末，黄热病新病例骤降至一位数。1906年11月以后，运河区再也没有人死于这种疾病。

通过发现传染源，切断传染源，黄热病的流行被成功遏制住了。

现在，通过大量的科学研究，科学家们已经知道，如果能大规模消灭蚊子，有效切断传染源，不仅能控制黄热病的流行，还可以有效地防治包括疟疾、丝虫病、登革热在内的60多种蚊媒传染病。

小贴士

黄热病疫苗

20 世纪 40 年代，黄热病疫苗被研制出来。它几乎是世界上最便宜、最有效的疫苗之一。这种疫苗能为 99% 接种的人提供终身免疫。但是，世界卫生组织估计，2013 年仍有 17 万人感染了黄热病。现在，在人口稠密的安哥拉和刚果民主共和国，仍面临疫情暴发的风险。由于疫苗产量有限，世卫组织正通过给人们提供剂量更小的疫苗来扩大疫苗接种数量，这种疫苗能提供一年的免疫，而不是终身免疫。在亚洲，黄热病并没有大规模流行过，截至 2016 年 3 月 24 日，中国大陆确诊的输入性黄热病病例有 6 例，患者均为在安哥拉务工或经商人员。但是，现代交通在运送蚊子和病毒感染者方面，比 400 年前的奴隶船可更有效率。所以，对我们来说，黄热病毒仍然是一个不可轻视的家伙。

10

捕捉 1918 流感病毒

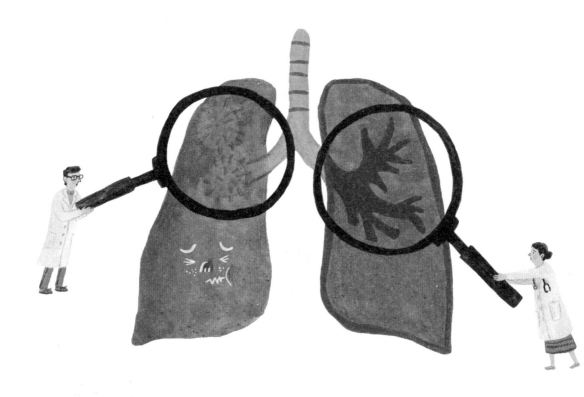

　　1918 年是第一次世界大战的第五年，也是美国参战的第二年。这一年的美国，有几十万年轻人被训练成士兵，他们来自全美 36 个训练营，最终将被派往欧洲战场。

可怕的"新型传染病"

在距离波士顿几十公里的德文斯陆军训练营驻扎着 4.5 万名士兵。1918 年 9 月 7 日，一名士兵被送往医院，他神志不清，不停地尖叫，很快就被医生诊断为脑膜炎。第二天，他所在的连队，又有十几个人出现类似的症状……医生开始怀疑自己的诊断。到了 9 月 22 日，只一天时间，军营里的 1543 名士兵感染，接着，肺炎和死亡接踵而来。到 9 月结束，德文斯军营有 1.4 万人都遭受了感染，757 人死亡。

当时的医生和科学家认为，这一定是新型的传染病。然而，让人意想不到的是，它只是流行性感冒而已。而且，早在几个月前，病魔就已经在敲门了。不过一开始，它几乎没有引起什么警觉，在大多数地方，虽感染人数庞大，但是死亡率不高。

流感得到的唯一关注是，它横扫了西班牙，就连国王也生病了。西班牙是一战中的中立国，媒体未处于战争管制之中，对这种疾病进行了详尽的报道。因此，这次流感被称为"西班牙流感"。但实际上，流感的地理起源至今仍有争议，有人认为是东亚，也有人认为是欧洲，还有人认为美国堪萨斯州的可能性最大。

经历了相对温和的第一波，流感病毒迅速变异，从春天到秋天，当一种免疫系统从未见过而且毒性很强的病毒再次浮出水面时，情况就非常可怕了——一些被感染的患者在出现症状后几小时内就会死亡——普通流感病毒通常只感染上呼吸道，这也是它们容易传播的原因。而1918年秋天的流感，不仅攻击上呼吸道，同时也深入肺部，破坏组织，导致严重的肺部感染。

1918年席卷全球的流感究竟夺走了多少性命？至今没有一个准确数字，最新的估计在5000万到1亿。

它悄无声息地走了。

直到近一个世纪后，科学家才捕捉到它的身影：2005年，美国分子病理学家杰弗瑞·陶本伯格公布了1918年流感病毒的RNA测序，并宣称，流感病毒与禽流感病毒很像，很可能是从鸟类传到人身上的。

发现病毒基因组序列：珍贵的样本

陶本伯格研究所用的病理样品，有一部分来源于阿拉斯加州的一个名为"布雷维克"的海边小村庄。这个现在只有不到 400 人居住的村落里，1918 年时生活着 80 人，流感在 5 天时间里夺去了 72 人的生命。他们的尸体被冻结在永久冻土层中，直到 1951 年被人发现。

那一年，25 岁的瑞典微生物学家、爱荷华大学博士生约翰·胡尔丁前往布雷维克，他希望找到 1918 年的病毒。胡尔丁成功地获得许可，开掘墓地，发现了多具流感患者尸体，并取得了死者肺部组织样品，但遗憾的是，他带回实验室的肺部组织中的病毒没能复制成功。

直到 46 年后的 1997 年，胡尔丁在《科学》杂志上看到了一篇由陶本伯格等人发表的论文。在这篇文章中，陶本伯格和他的团队描述了他们对 1918 年流感病毒基因组测序的初步工作，由于病理样本不足以支持后续研究，他们难以得到完整的病毒基因组序列。

读了论文之后，胡尔丁再次受到鼓舞，他和陶本伯格通了电话，并再次前往布雷维克，据说，这次他带的工具是妻子收拾花园时所用的一把剪刀。这一年，胡尔丁已经 72 岁了。

这次发掘花了大约 5 天时间，并且得到了一个惊人的发现——一具因纽特妇女的尸体，这是一个肥胖的女人，可能死于 1918 年流感的并发症，死的时候很年轻。胡尔丁给她起名叫露西，和"人类的祖母"同一个名字。他用妻子的园丁剪剪开了露西的胸腔，发现了两个冰冻的肺，露西的肺被脂肪包裹着，在阿拉斯加永久冻土层中被完美地保存了下来。

胡尔丁将露西的肺切片，连同从其他几具尸体上获得的样本一起保存好。为了确保陶本伯格能够收到，胡尔丁将它们分成了四份，通过三个快递公司寄出。十天后，陶本伯格从露西的肺部获得了 1918 年病毒的 RNA，这个珍贵的样本支持他做出了 2005 年的发现。

不可轻视的流感

后来，根据流感病毒的 RNA 序列和其他研究成果，科学家们开始谨慎地"复活"1918 年流感病毒，并通过小鼠实验弄清了流感病毒的致病机制，其中有一点是，1918 年流感病毒并没有导致受害者全身感染，但是，它们可以迅速造成极其严重的肺部损伤。

100 多年后的今天，流感依然是世卫组织认定的主要致死传染病之一。但是，即便类似 1918 年流感病毒再次出现，也不会造成那么严重的后果了。当年的流感死亡患者中，很多人的肺炎都合并了细菌感染，如果有抗生素，他们也许能活下来，但是在 1918 年，青霉素还没有被发现。

今天，我们的医疗保健基础设施、诊断和治疗工具都比过去先进得多，这让我们在与流感病毒过招的时候，总归有些可以招架的兵器了。

11

脊髓灰质炎：减毒和灭活的恩怨

　　1960 年 4 月的一个星期日，一位名叫阿尔伯特·B.萨宾的医生在辛辛那提儿童医院，等待第一批儿童来接种一种口服脊髓灰质炎疫苗。这种疫苗是他发明的。这一天被称为"萨宾的星期天"，是美国民众第一次大剂量地使用口服脊髓灰质炎活病毒疫苗的日子。

樱桃味的救星

之后的一段时间，大约 2 万名学龄前儿童在辛辛那提各地的医生办公室里排队接种了免费疫苗——两滴樱桃味糖浆。后来，口服脊髓灰质炎疫苗的"一勺糖"成了《欢乐满人间》（*Mary Poppins*）电影主题曲的灵感来源。

萨宾说："这完全出乎意料。"在此之前，乔纳斯·索尔克医生的疫苗以注射的形式已经被使用五年了，不过，有很多家长仍然担心脊髓灰质炎这种高度传染性疾病会导致孩子瘫痪。

在 20 世纪上半叶，夏天对孩子们来说是可怕的"小儿麻痹症的季节"。儿童是最容易患脊髓灰质炎（也称为小儿麻痹症）的人群，这种疾病会影响中枢神经系统并导致瘫痪，还有些人不得不依靠"铁肺"（一种辅助呼吸装置）来帮助呼吸。

于是，开发脊髓灰质炎疫苗也成了一场竞争。事实证明，无论是索尔克的灭活疫苗还是萨宾的减毒疫苗（活疫苗），对于结束这场噩梦都是必要的。

灭活疫苗和减毒疫苗

索尔克是第一个研制出脊髓灰质炎疫苗的人，他使用的是一种毒性特别强的脊髓灰质炎死病毒。在一次 100 多万名学龄儿童参与的临床试验后，1955 年，索尔克疫苗被宣布安全有效。索尔克立即成为名人，因为报纸宣称"小儿麻痹症已被攻克"。

但是，不久后的一起疫苗事故几乎摧毁了公众对疫苗的信心。来自卡特实验室的几个批次受污染的索尔克疫苗含有一些活病毒，被释放给了公众，导致超过 200 例脊髓灰质炎病例。然而，索尔克疫苗本身是没有问题的：1954 年美国报告的脊髓灰质炎病例超过 3.8 万例，通过接种疫苗，到 1961 年，这个数字下降到四位数。

萨宾当时是辛辛那提儿童医院的一名研究人员，他与波兰裔研究员希拉里·科普劳斯基博士正在研发一种活病毒疫苗，这种疫苗使用的是一种不会导致瘫痪的弱化病毒毒株。1955 年，在对猴子和黑猩猩进行了广泛的测试后，萨宾向俄亥俄州一所监狱的囚犯招募志愿者，并告诉他们，这个试验将帮助人们永远消除小儿麻痹症这个祸害。他甚至在自己的女儿身上试验了疫苗。

灭活和减毒这两种疫苗究竟有什么不同呢？

按照爱德华·詹纳（免疫学之父）和巴斯德（巴氏消毒法发明者）的疫苗研发传统，疫苗要刺激身体在血液中生成高浓度的抗体，从而让人体对某种特定疾病产生强大而持续的免疫力，最好的办法是使用内含精心削弱的活病毒的疫苗。他们认为，免疫的关键在于让体内产生低强度的自然感染，这一点是灭活疫苗做不到的。

不过，也有科学家认为，获得免疫力不一定要通过自然感染。如果经过了恰当的制备，灭活病毒疫苗也能够"骗"过免疫系统，让它相信身体正在遭受敌人的侵袭。灭活的疫苗理论上对个体更安全，其关键在于，病毒彻底灭活的同时不破坏它刺激身体产生保护性抗体的能力，这是一种精妙的平衡。但是，在此之前，试验结果尚无定论。

在美国的支持下，萨宾转向苏联和墨西哥进行大规模试验，因为很多美国的孩子已经接种了索尔克的疫苗，对于减毒疫苗的效果观测产生了影响。最终，萨宾的疫苗在世卫组织中赢得了青睐。1962 年，萨宾口服脊髓灰质炎疫苗在美国广泛使用，并在一段时间内取代了索尔克疫苗。因为，索尔克灭活疫苗只能保证注射疫苗者不得病，但是无益于切断传播途径；而萨宾疫苗除了保护服用糖丸的人之外，还能间接保护他身边的人——萨宾疫苗吃下去之后，经过消化系统，可以通过粪便排出，这样，弱化的病毒就传播到环境里了。在没有大规模接种的时候，这是萨宾疫苗的一个相对优势。

而且，萨宾放弃为他的疫苗申请专利。在全球根除小儿麻痹症的运动中，萨宾疫苗曾在世界各地使用，并因其近乎根除小儿麻痹症而广受赞誉。但是，后来的基因测序也证明，一些瘫痪病例的确是由萨宾疫苗

小贴士

　　我国 1959 年首次生产口服脊髓灰质炎疫苗，接种活动在此后逐步推广至全国。2000 年，我国通过了世界卫生组织认证，实现了无脊髓灰质炎目标，并于 2016 年 5 月 1 日起暂停糖丸（减毒疫苗）的发放，开始实施新的脊髓灰质炎疫苗免疫策略。

引起的，萨宾则拒绝相信这一点。自 2000 年以来，一种类似索尔克的新型灭活脊髓灰质炎疫苗已成为美国的首选疫苗。2013 年，全球报告脊髓灰质炎病例 406 例，截至 2014 年，全球仍有脊髓灰质炎的地区仅剩三个。

　　可以说，索尔克和萨宾的两种疫苗在战胜脊髓灰质炎方面都发挥了重要作用。不过，疫苗的两个发明者索尔克和萨宾这辈子都没能融洽地相处，他们都认为对方的疫苗并不像人们想象的那么好。

12

罗尔德·达尔的告诫：别忘了打麻疹疫苗

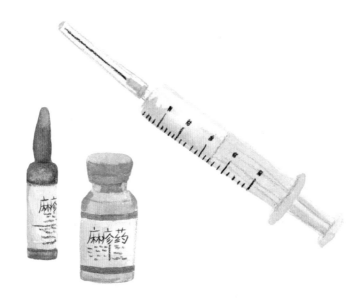

　　《查理与巧克力工厂》的作者，世界著名的儿童文学作家罗尔德·达尔，曾经在 20 世纪末给全世界的父母写过一封信，在信中描述了自己失去女儿的经历：1962 年，年仅 7 岁的奥利维亚得了麻疹，就在快要痊愈的时候，病情急转直下，变成了严重的麻疹脑炎，并在 12 小时后永远地离开了这个世界。

　　罗尔德·达尔非常痛心，他鼓励年轻的父母给孩子接种麻疹疫苗，并称："打麻疹疫苗产生严重副作用的概率比吃巧克力噎死还低。"

地球上传染性最强的疾病之一

麻疹这种古老的疾病，由麻疹病毒导致，通过空气传播，是地球上传染性最强的疾病之一。它可以像野火一样在人群中传播。如果一个患麻疹的人走进一个房间，在他离开后，病原体会在那里继续逗留两个小时。在欧洲人殖民新大陆的过程中，美洲土著人口大量死亡，部分原因就在于麻疹的传播。

得了麻疹的人，可能会发烧、咳嗽、流鼻涕，出现结膜炎。通常情况下，经过两周的病程，绝大多数都能痊愈。但是，坏事情也会发生。五分之一的患者可能需要住院，病因主要是肺炎，还有千万分之一的人可能会死亡（在医疗欠发达的国家，这个比例更接近百分之一）。而且，麻疹也可能对免疫系统有两年的抑制作用——所谓"麻疹的影子"—— 少数情况下，可能会导致听力丧失；极少数情况下，在5 ~ 10年后，还能导致致命的脑炎。

在疫苗开发之前，它的流行是一种灾难，几乎每个人都会感染。

麻疹疫苗：人类的保护伞

1954年，美国波士顿暴发了麻疹疫情，一位叫托马斯·C.皮布尔斯的儿科医生，从一个11岁男孩的身上分离出麻疹病毒。根据这一发现，约翰·富兰克林·恩德斯博士于1963年研发出了麻疹疫苗。

颇具传奇色彩的是，皮布尔斯曾是一名"二战"中的轰炸机飞行员，获得过飞行优异十字勋章。"二战"后，他放弃了荷兰皇家航空公司提供的飞行员工作，用两年时间考取哈佛医学院，并靠给其他学生洗衣服的收入和退伍军人的补贴完成了博士学业。毕业之后，皮布尔斯在波士顿儿童医院做研究员，与当时被称为"现代疫苗之父"的恩德斯一起工作。

恩德斯因成功培育了脊髓灰质炎病毒获得了1954年的诺贝尔奖，之后，他并没有继续研究脊髓灰质炎疫苗，而是把工作留给了别人。但是，他对脊髓灰质炎疫苗的研发过程感到不满——索尔克疫苗上市不久，就导致约 260 名儿童因接种疫苗而患上脊髓灰质炎。虽然致病原因在于卡特制药公司在生产过程中的污染，但恩德斯有自己的担心，他想亲自参与进来，以确保麻疹疫苗的开发能更顺利地进行。

由于人类是麻疹的唯一自然宿主，恩德斯推断，这种病毒可以通过适应其他物种而减弱毒性。于是，在接下来的三年时间内，他和同事进行了 24 次人肾组织培养，28 次人羊膜细胞培养，6 次受精卵培养，13 次鸡胚细胞培养，改良了菌株。注射给猴子后，猴子没有出现发烧、病毒血症或皮疹，而且产生了强烈的抗体反应。

凭此菌株研究的疫苗从 1963 年上市到 1970 年，使美国每年的麻疹病例从几百万下降到了几千。后来，默沙东公司又将麻疹疫苗、腮腺炎和风疹疫苗制成 MMR 联合疫苗。

放弃接种麻疹疫苗有什么后果

不过，就在一些国家的麻疹几乎灭绝的时候，发生了一件糟糕的事情。

1998 年，英国杂志《柳叶刀》的一份报告称麻疹疫苗和自闭症之间可能存在联系。这份论文后来被揭穿伪造数据，存在欺诈。但是，为了拆穿这个骗局，科学家和有良知的记者，却用了十几年的时间。

大量的家庭出于对疫苗的恐慌，拒绝给孩子接种麻疹疫苗，结果导致麻疹在欧美一些发达国家卷土重来。2018 年，美国报告的病例数量创下近 25 年来的最高纪录。这之中绝大部分的受害者都是被父母放弃接种的小孩，他们原本可以得到疫苗的保护，免于暴露。

13

发现乙肝

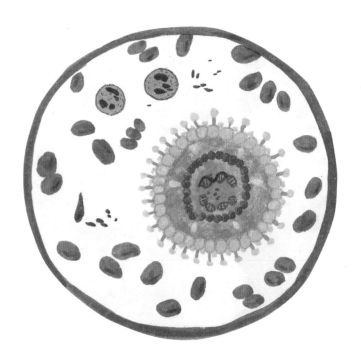

　　500年前的意大利那不勒斯，有一个两岁的孩子突然患病夭亡，离开了这个世界。他的遗体被安葬在圣多梅尼科马焦雷教堂的地下室里，教堂的干燥条件让他慢慢地变成了"木乃伊"。20世纪80年代，科学家检查了这具遗体，诊断他曾患有天花。但一项新的基因组测试却讲述了一个完全不同的故事，显示这名儿童可能是已知最早的乙肝病例。

相同的疾病，不同的传播途径

乙肝是一种非常古老的疾病。

几个世纪以来，人们虽然不知道能导致肝炎的有多少种病原体，但却知道肝炎是一种传染病，它的流行经常发生在不卫生的条件下。不过，在"二战"之前，医生并不知道它是由病毒引起的，至于它如何在人与人之间传播，更是一个谜。

20 世纪 40 年代，专门研究肝脏疾病的英国医生 F. O. 麦卡勒姆在解开这个谜团方面取得了进展。麦卡勒姆感到困惑，为什么相当一部分接种了黄热病疫苗的士兵，几个月后都患上了肝炎呢？

黄热病疫苗含有人的血清。麦卡勒姆开始怀疑，人体血液中携带的一种病原体可能导致肝炎。麦卡勒姆对很多志愿者进行的一系列观察，让这一假设变得更加清晰，而且，他还发现，肝炎也可以通过血液以外的其他方式传播——麦卡勒姆第一次提出了"甲型肝炎"和"乙型肝炎"两种传播途径完全不同的肝炎：甲肝主要通过被污染的食物和水传播；而乙肝主要通过输血、性接触和母婴传播，也就是说，和乙肝患者一起吃顿饭是感染不了乙肝的。

HBsAg 的发现

接下来的 15 年，很多科学家都试图分离导致这两种肝炎的病原体，但是，都没能成功，科学家怀疑，它们是由"体型最小"的病毒导致的。那时候还没有电子显微镜，光学显微镜的放大倍数不足以看到病毒，关于肝炎的研究也一度陷入了僵局。

后来，一个并非研究肝炎的科学家的偶然发现，取得了引人瞩目的进展。他的名字叫作巴鲁克·布隆伯格。一开始，布隆伯格最感兴趣的问题是——为什么特定的人群对某些传染病易感？因为那时候分子生物学的工具还没有发明出来，于是，他通过收集世界各地人的血样，分析血液中的蛋白差异来进行研究。

一次，在澳大利亚土著的血液中，他发现了抗原性物质"澳大利亚抗原（Aa）"，并在后续的研究中发现，血液中有 Aa 的人，都患有乙肝。Aa 后来正式的名字是 HBsAg，即"乙型肝炎表面抗原"，它是乙肝病毒的外壳蛋白。凭借这项发现，布隆伯格获得了1976年的诺贝尔生理学或医学奖。

这项发现具有非常了不起的意义：首先，那时候很多需要手术的患者在输血后都会不幸患上乙肝，有了这项发现，医院在接受献血的时候筛检HBsAg，就可以大大减少输血后肝炎的发生；其次，它还启发了第一代乙肝疫苗的发明，这种疫苗的原理是通过接种乙肝病毒携带者的血清，让HBsAg刺激人体产生抗体，来抵抗乙肝病毒的入侵。

疫苗：人类永恒的努力

但是，第一代乙肝疫苗自身存在着巨大的"Bug"（漏洞）：第一，用乙肝病毒携带者的血液制备疫苗的产量不可能高；第二，来自人体的血清需要彻底的灭活，因为人的血清里不仅有乙肝病毒，还可能有其他病毒，存在风险；第三，灭活处理后的血清要先注射给大猩猩，检测是否留有传染性，而这个过程长达 65 周。

既然乙肝疫苗的成分是 HBsAg，那么，自己造一个行不行呢？

一位名叫巴勃罗·D.T.巴伦苏埃拉的智利科学家想到了酵母菌。他将乙肝病毒的一部分 DNA 插入酵母菌的 DNA 里，让酵母菌在繁殖的同时就能大量生产 HBsAg。蒸馒头用的酵母菌绝对安全，而且产量大。1986 年，基因重组技术疫苗投入使用。三年后，我国用 700 万美元从美国默沙东公司引进了酵母菌乙肝疫苗技术，默沙东公司帮助我们在北京、深圳建立世界领先的乙肝疫苗生产车间，而且免收疫苗的专利费。

我国作为乙肝大国，截至 1992 年有乙肝病毒携带者 1.2 亿人。1992 ～ 2010 年间，由于疫苗的接种，乙肝病毒携带者减少了 3000 万人。

　　从 2002 年开始，每个新生婴儿从出生的第一个月开始就会接种乙肝疫苗，得到疫苗的保护。这些孩子之中，就包括正在阅读这篇文章的你。

'14

对抗埃博拉，疫苗来了

    2014 年，埃博拉病毒肆虐西非，死亡人数飙升至数千人。根据世界卫生组织（WHO）发表的数据，2014～2016 年，埃博拉出血热疫情肆虐的利比里亚、塞拉利昂和几内亚等西非三国的感染病例（包括疑似、可能和确诊）高达 28610 人，其中死亡人数达到 11308 人……这种可怕的病毒引发了全球恐慌。

级别最高的病毒

早在 2013 年，埃博拉病毒袭击了一个名叫埃米尔·乌穆诺的两岁男孩。2013 年 12 月 2 日，埃米尔开始发烧，大便发黑，并开始呕吐，四天后，他死了。

科学家在《新英格兰医学杂志》发表的文章认为，埃米尔是此次疾病暴发中第一个感染的病人，也就是"零号病人"。之后，他的妹妹、母亲和祖母相继去世。仅仅一个月的时间，埃米尔的家就只剩下父亲艾蒂安了。

紧接着，一名护理过埃米尔家人的护士、村里的助产士也相继病倒，他们又把疾病传播给了更多的人。同时，从别的村子来参加埃米尔祖母葬礼的人，回去之后也陆续病倒了。埃米尔的家所在的梅里安多村地处几内亚、塞拉利昂和利比里亚的边境，人们常穿梭于此进行贸易，疫情很快暴发。

带来灾难的"纯净的水"

不幸感染埃博拉病毒的患者，首先会发烧、极度虚弱……随着病情加重，还会呕吐和腹泻，"七窍流血"，最后死于多器官衰竭。在生物性危害等级中，埃博拉病毒是级别最高的病毒，只能在最高防护级别的实验室才可以"打开"，而这样的实验室在全世界也没几个。

不过，这个可怕的病毒却有着一个动人的名字，"埃博拉"的意思是"纯净的水"，它来源于刚果民主共和国（旧称扎伊尔）境内的"埃博拉河"。这条河流经雨林，蜿蜒穿过星罗棋布的村庄。1976 年 9 月，距离埃博拉河几十公里外的 55 个村庄相继出现了埃博拉疫情，这是它的第一次亮相，这一次杀死了 90% 的感染者。

科学家从病人身体里采集的血样中，分离出了一种丝状病毒，看上去和 1967 年被发现的另一种能够导致出血热的马尔堡病毒很相似，那是当时人类知道的唯一一种丝状病毒。不过，这次的病毒比马尔堡病毒毒性更强。进一步研究发现，它可以通过密切接触感染者的血液、分泌物或其他体液传播。

VSV：让病毒成为疫苗的骨架

截至 21 世纪初，埃博拉病毒的 20 多次零星暴发都发生在非洲，所以，疫苗研发一度被束之高阁。2014 年，西非的埃博拉疫情促进了疫苗的研发。2019 年底，一种 VSV 疫苗终于得到了美国和欧洲监管机构的批准，它被称为 Ervebo 减毒疫苗，它的发明始于一个绝妙的好点子。

20 世纪 90 年代初，耶鲁大学的科学家约翰·杰克·罗斯正试图找到一种方法，能将水疱性口炎病毒（VSV）用作疫苗的接种系统。这种病毒虽然可以感染人，但没有严重威胁，而且免疫系统对 VSV 的反应是迅速的，诱导产生的抗体水平也惊人的高。

罗斯认为，这种病毒可能成为疫苗的骨架，比如，给它接上一段其他病毒（比如流感病毒或艾滋病病毒）的基因，无害的VSV能教会人体的免疫系统，识别有害的入侵者。

后来，罗斯的实验室和其他实验室使用VSV作为禽流感、麻疹、寨卡病毒和其他病原体实验疫苗的骨架，成功地制造了其他疫苗。罗斯给VSV结构申请了专利，并将其授权给了惠氏制药公司。

那么，VSV可以作为埃博拉疫苗的骨架吗？

说来也巧，发明埃博拉疫苗的团队，最初只是为了研究埃博拉病毒的基因。因为没有最高级别的实验室，他们就想到把埃博拉病毒接在VSV骨架上，这样就安全了。后来这个项目转为埃博拉疫苗的研发。

在VSV的表面有一个糖蛋白，作用是识别宿主细胞。这个蛋白就相当于一把钥匙，打开人体细胞的"锁"之后，就可以长驱直入了。温尼伯实验室的科学家把VSV原有的糖蛋白用埃博拉病毒表面的糖蛋白替换掉——这样一来，VSV既能让机体产生针对埃博拉病毒的抗体，又没有致病性。

2018年春，埃博拉病毒再次在刚果民主共和国赤

道省暴发时，第一次使用了 VSV 疫苗。自那时以来，
已有超过 26 万人接种了疫苗。

15

P4 实验室：人类和病毒对抗的终极武器

　　在 2020 年初中国举国抗击新型冠状病毒肺炎的时候，国内有多家机构创造了为新冠病毒全基因组测序只要短短数天的奇迹，这其中就有中国科学院武汉病毒研究所的身影——他们拥有世界顶级的生物安全四级实验室，也就是传说中的 P4 实验室。

什么样的病毒有资格在 P4 实验室被研究

P4 实验室可以为科研人员提供最高级别的安全防护，是个真正体现国家科研实力的地方，号称是病毒研究领域的"航空母舰"。能进入这里被研究的病毒必须是个狠角色。比如埃博拉病毒，就是对人类生命有威胁的烈性病原体。新型冠状病毒来到这里是另一种情况，疾控部门发现了不同于以往的严重传染病，但又不确定是什么病原体，就可以送到这里来鉴定。

P3 实验室里研究的病毒其实也一点不让人省心，炭疽杆菌、结核杆菌、伤寒杆菌、黄热病……染上哪个都不是好玩的。让人欣慰的是，人类长期和这些病原体斗争，已经具备了预防和治疗的手段。

到了 P2 实验室这一级，所研究的病原体就让人稍微松了口气，像什么流感病毒、沙门氏菌、麻疹病毒、衣原体就都来这里了。

至于 P1 实验室，只能研究已知的、对人类健康几乎没有影响的病原体。不过，千万不要小看 P1 实验室，它的地位很重要，想参与更高级别实验室工作的科学家，都要从这里起步。

穿衣服都要考试的实验室

P4 实验室这么厉害，你肯定也会和我一样想去武汉参观一番。不过，这里不接受现场"膜拜"，因为光是穿上进入实验室用的防护服，就得考试取得相关的认证。实验室要想运行良好，并不是把基础设施建设好就可以了，实验制度同样很重要。

假设你已经通过考试、获得了进入实验室的资格，进去后的流程大概是这样的：进入实验室核心区以后，打开门禁进入第一更衣室。在这里脱去身上所有衣物，换上一套防护服内衣和一套连体防护服。接着进入正压防护服更衣室，穿上一套像宇航服一样的全身正压连体衣，头部也会被透明的面罩完全罩住。密封好的防护服，还要接上一根供应新鲜空气的管道保证呼吸。这还不算完，进入化学洗浴房间进行消毒也是必要程序，不光要防止实验室里的病原体威胁人，人也不能把外面的微生物带进去。

为了方便相互照应，通常来说是两人一

组共同进入实验室。实验室里面会有很多螺旋状的蓝色管子输出新鲜空气，人员在实验室来回走动的时候可以在不同的管子上切换。考虑到密封效果实在太好，实验员之间的沟通就需要通过耳麦来进行。

实验结束想走出去，程序一样复杂甚至更加严格。除了要对实验台消毒以外，和进来的程序相反，先来个化学淋浴消毒，然后再按程序出一个个门，脱一层层衣服。通过了洗澡这个必要环节以后，才能换回之前的衣服走出实验室。

这么说吧，就算不做实验，全套实验用防护服一穿一脱再洗个澡，个把小时就用掉了。

"盒中盒"结构确保安全

武汉国家生物安全实验室作为一个全球顶级安全的实验室，独栋建筑肯定是标配。

300 多平方米的核心实验室在二层，是"盒中盒"结构中的小盒，里面还被分割成了若干有具体分工的实验室，比如细胞实验室、动物实验室、动物解剖室等。围绕和服务核心实验室的"大盒子"非常复杂，一层是污水处理和生命维持系统，二层和三层之间的夹层是管道系统，三层是过滤器系统，四层是空调系统。

不仅仅要严格保护实验人员的安全，防止实验室中的危险病原体泄露同样重要。就拿进门来说，每进入一道门都意味着进入了气压更低的区域。从外到内气压层层递减，保证空气只能从外往实验室中心地带进，这就是所谓的负压实验室。排出空气必须走专门的过滤通道，过滤系统可以把空气中所有的病毒都拦下。液体污染物也有专门的密封管道，经过各种"惨无人道"的处理后才能排放。至于固体废弃物，要先用大型高压蒸汽装置做无害化处理，运出实验室以后要送到专业的医疗废弃物公司直接焚烧。

武汉国家生物安全实验室于 2018 年 1 月 5 日正

式启用，被赋予的第一个功能定位就是服务我国突发急性传染病的防控。所以在这次新冠病毒的防控工作中，理所应当地承担了部分抗病毒药物筛选、疫苗研发等工作。

小贴士

小小英语课

P4 实验室中的"P"代表英语"Protection"，是防护的意思。生物安全实验室有 P1 ～ P4 共四个级别，P 后面跟的数字越大代表着防护级别越高。另外，有一种"生物安全四级实验室"，可以写为 BSL-4 实验室，"BSL"也就是"Biosafety Level"的缩写。P4 实验室等同于 BSL-4 实验室。

中国的 P4 实验室

全世界的 P4 实验室加一起只有几十个。在中国，除了武汉，中国农业科学院哈尔滨兽医研究所的国家动物疫病防控高级别生物安全实验室，也是 P4 实验室。

16

PCR 检测：新型冠状病毒检测的金标准

　　一个人咳嗽、发烧、头疼外加四肢无力的原因有很多，是普通感冒、流感还是新型冠状病毒引发的呢？

　　单靠病人的症状来判断病因非常困难。在 2020 年抗击新冠病毒肺炎疫情时期，"PCR 检测"这个词火了，正是依靠这个技术，医护人员才能准确判断患者的病因。

生命之书，只读一段

绝大多数的生命体都含有 DNA 或者 RNA 作为他们的遗传信息，人类选择了 DNA 代代相传，新冠病毒则用 RNA 来传递遗传信息。只要我们愿意，就可以用全基因组测序的方式，解读出一个生命完整的遗传信息。

如果把全部遗传信息比作一本书的话，"全基因组测序"相当于从头到尾读了一遍。这个步骤非常重要，只有掌握了所有信息，才能知道这个病毒和其他病毒到底哪里不一样。正是由于我们掌握了这项技术，所以在不明肺炎暴发初期，我们很快就将导致发病的根源锁定为新冠病毒。

全基因组测序又好又精准，但是目前仍需要花 3 天时间才能有结果，病人确诊等不及。如果疫情发展速度快、病人又多，费用也是个问题。这时候 PCR 技术就要隆重登场了——它的神奇之处就在于，它并不需要从遗传之书的开头读起，只要知道特定病毒独有的片段，找到这个片段就判定为阳性，找不到就判定为阴性。

拿到结果的医护人员，如果再能结合患者的 CT

影像学报告，还有其他症状的辅助判断，诊断的准确性就非常之高了。

让病毒"亮出"基因

道理讲起来轻松，真到了做 PCR 检测的时候，还真是个技术加体力活。

首先要采集检测样本，常见的有呼吸道标本和血液。考虑到 RNA 病毒离开了原有环境还挺"脆弱"，要尽快检测。为了保证检测结果准确，最重要的因素是检测人员、实验室和试剂盒。

检测人员至少要两人一组进行实验，要做好个人三级防护的穿戴，也就是全套的防护服、帽子、护目镜、口罩、鞋套、多层手套等。检测者被捂得严严实实，呼吸都费劲，有时候护目镜还会起雾看不清楚，一坐就是几个小时，是对耐心和体力的双重考验。

实验室也有要求，至少是生物安全二级实验室才有资格检测样品。实验室收到待检测样品之后，首先要进行灭活处理。在 56 摄氏度的环境下持续搁置 30 分钟，样品中的病毒会被杀死，但不会破坏它的 RNA。

接下来新冠病毒检测试剂盒出场。顾名思义，这个试剂盒只负责找新冠病毒，别的东西一概无视。第一个步骤就是对样品进行 RNA 提取，取到了 RNA，还有个必要环节叫"逆转录"。过程很烦琐，要操作很多机器，其中还有手工精细操作。可以说操作人员越稳，结果就越准。

接下来就到了 PCR 检测最重要的步骤，那就是"扩增"。什么意思呢？新冠病毒呈圆形或椭圆形，直径才 60 ～ 140 纳米，它包含的遗传信息就更是小得不得了。要找的基因片段实在太小，那我们就想办法让它"变出"一堆一模一样的出来，这就是扩增。这还不算完，扩增的同时，还要给目标基因片段染上荧光标记。信号被层层放大以后，到底样品里面有没有病毒，机器识别起来就轻松多了。

时间就是生命，临床诊断的需求就是要越快越好。所以检测技术和试剂盒都在疫情中迅速改进，出结果的时间也越来越短，为生命抢出宝贵的时间。

技术革命和一个诺贝尔奖

除了能在新冠病毒检测领域大显身手，PCR 技术应用的范围非常广。除了诊断各种病毒引起的疾病以外，癌症诊断、法医鉴定都少不了它的身影。在生物学研究领域，采用各种 PCR 技术早就是标配了。甚至有人将生物学划分为两个时代，就是以 PCR 技术诞生为界线。

发明者凯利·穆利斯在 1983 年某一天开车的时候想出了 PCR 的原理，次年 11 月就完成了第一次实验证明可行，然后靠这个技术获得了 1993 年的诺贝尔化学奖。从萌生想法到获得诺贝尔奖，10 年就搞定，其间还没有大量资金和人员支持，说起来也是个励志的故事。

往回看 2003 年的时候，我们国家也曾经历过一次"非典"疫情，那时候多数患者只能靠 X 光和症状来诊断。而在这次新冠病毒肺炎疫情中，X 光机普遍升级成了更厉害的 CT 机辅助诊断，然后用 PCR 技术作为金标准最终确诊。从确定病毒到检测试剂盒的研发生产，我们都是第一时间完成。医学技术进步的背后，离不开的，还是中国科研水平和经济实力的整体提升。

小贴士

小小英语课

PCR 的全称是聚合酶链式反应（Polymerase Chain Reaction）。

PCR 检测最重要的步骤：扩增

扩增的过程中，遗传信息复制 1 次能变成 2 个，复制 10 次就是 1024 个，复制 20 次就有 100 多万个，复制 30 次的话，就有 10.7 亿多个。

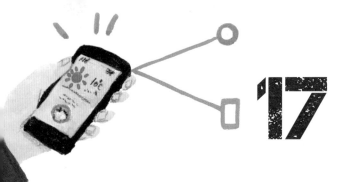

计算机技术可以预测疫情的流行吗

随便点亮一部智能设备的屏幕，基本上它都能告诉我们时间和天气。不夸张地说，我们常常是先收到手机的大风预警，才发现外面刮大风了。那么疫情是否可以像天气那样做出预报，让我们提早做好防护准备呢？这个还真是个热门话题，有些手段还真的挺有想象力。

THE SHARED WORLD OF VIRUSES AND HUMANS

1 美元的旅行

假设一个与世隔绝的小部落里，出现了第一例传染病患者，只要能对这个部落人与人接触的速度做出观察，为疫情传播做出预测并不难。然而现实很复杂，飞机、高铁、汽车等长距离交通工具的运行，让疫情在全球同时暴发成为可能，疫情预报需要知道人们都怎么流动，这在 2006 年可是个难题。

好在德国物理学家德克·布罗克曼灵机一动，想到了一个叫作"乔治在哪里"的网站。这个网站存有大量美元纸钞的运行轨迹，以 1 美元的记录居多。布罗克曼提取了其中五十万条记录，然后分析它们出现的时间和位置，还真获得了一些流动规律。钞票总是先在一个地区频繁出现，然后忽然出现在千里之外。时间来到 2009 年，布罗克曼利用这个研究建立了计算模型，再加上了飞行等交通情况的数据，为美国流感的流行趋势预测了一把。据说预测结果和实际情况相差不大，可惜这个研究后来就没了消息。

失败的流感预报

当信用卡、电子支付、移动设备越来越流行时，数据的产生方式也在改变。美国谷歌公司提供网络搜索服务，技术人员发现，在每年流感季到来的时候，很多人都会去搜索一下和流感有关的内容，这意味着搜索者和流感可能有某种联系。在 2009 年的时候，谷歌分析了几十亿条搜索记录，做出了自己的流感预测，结果和美国疾控中心的数据极为相似，但是发布时间整整提前了两周。

遗憾的是，还没来得及庆祝，这个流感预测模型很快就失灵了。结果显示谷歌的预测总是比实际情况更糟糕。因为用户搜索"感冒"到底算普通感冒还是流感难以辨别，完全离开了传统的数据收集工作，如何完全除去无用的信息就变得非常复杂。而且一旦预测流感暴发，就会有很多媒体暴发性地报道这个暴发，会进一步加剧有关流感信息的增长。在 2015 年，谷歌流感趋势这个产品被打入冷宫。

疫情预报时代已经来临

不间断的监测和收集数据只是第一步，通过有效分析才可能做出预报。这就好比天气预报可以用卫星来观测和采集数据，但是想要预报下雨，就要事先把一朵云和下雨之间的关系搞明白。现在我们的数据收集能力在飞速提高，计算机的运算能力也在暴发性增长，都为传染病流行的预测提供了基础。

数据的产生方式更是多种多样。很多国家包括中国的疾控中心都建成了传染病直报系统，通过数据专线，从最远端的社区医疗机构上报病例到国家决策者的手中只需要几个小时。媒体传播也产生了大量的数据，深入细致的采访报道，可以让每一个病人的行动路线都被披露出来。电子客票时代，交通运输的信息更是透明，每个人乘坐飞机、火车的记录都记录在案。移动设备的普及，从行踪到操作手机的习惯，都是疫情预报的潜在研究对象。

以往的大数据预测多从单一的流感入手，现在全新的人工智能可以一口气把所有的疫情都纳入监控当中。人工智能可以抓取全世界医疗机构和疾控中心的官方数据，一刻不闲地读取全球健康类媒体的报道，一旦发现有疫情小范围暴发，立刻抓取全球的机票、火车等交通信息，然后预测出疫情蔓延的路线和时间。依据这套机制，已经有公司在 2016 年提前 6 个月成功预测了寨卡病毒会登陆美国佛罗里达州。

预测疫情这个课题实在是太吸引人了，因为越早被预测，疫情就越容易被控制，带来的损失也就越小。目前世界上有大量的科学家、数学家、工程师都投身其中，从创业公司到科研机构前赴后继地进入这个领域。

也许有一天，我们随便点亮一部智能设备的屏幕，它会告诉我们今天降雨可能性大出门请带把伞，另外流感流行趋势升高，也请戴上口罩。

当医生治疗病毒感染的时候，治的是什么

　　各种病毒一年四季都在人群中捣乱，经常造成一些流行病。身体被病毒感染了要是不舒服，求助医生是个很好的选择。医生的确很厉害，通过他们的医术，很多患者都得以病好如初。但是，很多时候医生治的并不是你的病；而且就算开药，可能也没有真的在治"病"。

又要从普通感冒说起

如果被医生诊断为普通感冒，按很多人的想象，治病的过程就是医生锁定了具体的病毒，那些药吃到肚子里以后，就会把体内的感冒病毒全都清除，所以我们的病就被治好了。有些动画片里的确是这么演的，药化作士兵，拿着刀枪把病毒都打死了。然而，真相可能和想象不太一样，医生一般不会追究导致你感冒的具体原因。

不用着急质疑医生，目前已知能导致普通感冒的病毒有 200 多种，其中鼻病毒所致最为常见。由于这些病毒兴风作浪的能力有限，一周左右病就好了，在没有什么特别的流行病暴发的时候，医生当然没必要为你专门检测具体病毒了。

说到药方，有时候医生跟你说这是普通感冒，回家多喝水，过一周自己就好了；有时候医生给你开好几种药。为什么都是感冒，有时能自己好，有时医生却要让我们吃药呢？这又是一个和想象不太一样的真相——这个世界竟然没有治疗普通感冒的药。而且就算吃了点药，也根本没有去杀灭病毒，仅仅是帮你缓解了症状，让你舒服一点。

治病多数是对症治疗

一说到感冒，大家肯定都会想到咳嗽、喉咙痛、流鼻涕、打喷嚏、头痛、发热……这些说的都是症状。其实无论是哪一种感冒病毒，它们对身体组织的破坏能力本身并不强，根本不足以让人产生那一系列症状，原因出在人体自身的免疫系统上。

就拿我们最熟悉的发烧来说，免疫系统发现了病毒在兴风作浪，肯定要去对付它们。对付病毒有一个常见的办法就是提高体温，强化免疫细胞，增加杀死病毒的能力。提高体温会让病毒失去它最习惯的温度，也会减少复制，减轻免疫系统的工作量。发烧，是我们对抗病毒的利器。

发烧虽然不舒服，但这是个正常的症状。不过，一旦体温升高到某个值，就成了高热。持续的高热，病人会特别不舒服，这时候医生给你一些退烧药，可以让你暂时有所解脱。不必担心，控制发热不会让自身免疫力下降，也不会让病毒变得更容易翻身。

　　病毒让人感冒是病因，发烧是感冒的一种症状，退烧药让体温降低——这就是现代医疗中的对症治疗。

重症医学科是生命的最强辅助

同样是感冒，病人的症状也不尽相同。有的人只是觉得有点累，有的人就觉得天昏地暗，有的人直接就被送入了 ICU。

ICU 就是医院中的重症医学科，他们行使的是对症治疗中的最高级别：生命支持治疗。对于一个危重的病人来说，只是一口痰吐不出来都有可能是致命的。于是 ICU 比普通病房中配置了更多的抢救和监护设备，便于时刻监护和实施抢救工作。

举例来说，在严重的病毒性肺炎的病人护理上，如果发现病人的血液中氧含量太低，那就给他加强供氧。自主呼吸困难，那就给病人上呼吸机。如果有心肺功能严重衰竭，那就需要用到人工肺 ECMO，在体外承担肺部的工作，同时辅助了心脏的功能，让病人的肺部得以休息。如果需要，"人工肝"和"人工肾"还能做 24 小时不停的血液持续净化。就算病人心跳都停止了，依然有各种抢救措施。

可以看出来，ICU 实际上也不是对病因进行治疗。ICU 最重要的工作就是提供生命支持，针对危重病的情况进行高级对症治疗，好让患者尽快从凶险的病情中脱离，体征平稳以后就可以转入普通病房。

抗病毒治疗要两手抓

现代医学对于治病乃至挽救生命来说是做足了功课，那我们的大夫是否有朝一日真的能直接对抗病毒呢？答案是肯定的，各种基础学科的发展，让我们拥有了前所未有的工具，可以对病毒展开深入的研究。我们也有越来越多的药，就是针对病毒本身开展治疗。可以说现在的抗病毒治疗的确是在一手对症治疗，一手对因治疗，两手都在抓。

另外，病毒研究还是个年轻的学科，必须承认人类对病毒的世界了解得还不够多。从乐观的角度去想，现代医生在对病毒还没彻底搞懂之前就已经有各种治疗方案了，是不是特别厉害呢？

19

鸡蛋，撑起了疫苗的半边天

　　对付病毒引发的疾病，疫苗是最好的手段。接种过疫苗的人，就可以获得一定时期或者终身躲过特定病毒的能力。

　　每次有疫情流行的时候，人们总是会想到疫苗。医学发展和科研人员的贡献当然很重要，但是我们也得知道，现代疫苗生产的背后，有无数颗鸡蛋的身影。

鸡蛋挑起生产疫苗的大任

人类在战胜天花的过程中，使用了很多小牛犊的身体来"生产"天花疫苗。后来越来越多的疫苗被研发出来，全世界对疫苗的需求量也水涨船高。靠动物来生产疫苗，先要有大量的动物。无论是人工饲养还是野生捕获，都是一个沉重的负担。1931年的时候，科学家在鸡胚内培养病毒的技术诞生了。人们用一系列手段，让病毒在鸡胚里面繁殖，开启了工业化生产疫苗的时代。

这个鸡蛋和平时我们买来吃的鸡蛋不太一样，疫苗生产用的是受精过的鸡蛋，这种鸡蛋放在人工孵化器中达到一定天数后，开始有了胚胎发育迹象才算是鸡胚。然后鸡蛋要被破个小口，把预先准备的病毒注入胚胎中。病毒有了繁殖的天堂还不够，为了加速繁殖，鸡胚要被送入温度合适的孵化器中。鸡蛋中长满了病毒以后，再将鸡蛋里面的病毒提取出来，作为制作疫苗的原料。

接下来，如果是生产灭活疫苗，那就通过一系列程序把病毒统统杀死。病毒虽然死掉了，但是还留下一堆残存的"尸体"碎片。这些碎片进入人体依然能够激活免疫系统，起到预防疾病的作用。还有一道裂解剂处理程序，能进一步摧毁病毒，可以减少疫苗接种的副作用。大部分的流感疫苗都是用这种方法生产。

如果是生产减毒疫苗，疫苗原料会被先处理成疫苗原浆，再经过稳定和冷冻处理，然后经过真空冷冻干燥成为一堆粉末。大部分的黄热病、麻疹、流行性腮腺炎疫苗都是用这种办法生产的。

一只合格的鸡蛋如何炼成

既然疫苗承载了人类的健康，那用来生产疫苗的鸡蛋肯定也不是普通鸡蛋。生产灭活疫苗和减毒疫苗的工艺不同，又把鸡蛋分成了两个档次。

灭活疫苗对下蛋鸡的要求略低一些，毕竟在最后的生产环节会把所有的病菌全都杀死。简单地说，就是要求健康的鸡生活在健康的环境下，生下健康的蛋。饲养场肯定是单独设立，不会和一般的鸡生活在一起。生活环境非常好，好水、好饭、好空气是标配，还要定期体检，看看有没有得病。

到了减毒疫苗用的下蛋鸡，要求突然拔高了很多，

因为减毒疫苗里面可都是活病毒，必须活着进入人体。既然不能杀死所有的病菌，只能要求鸡和蛋不能有任何健康问题。每只鸡都要经过一次体检，每个月还要抽查体检。为了让鸡心情好，还得加大鸡的生活空间。24 小时不间断注入新鲜空气，饲料保证营养跟得上，还要控制体重不能太胖也不能太瘦。就连开灯关灯时间都有讲究，甚至清洁用品都不准掉毛。还要求鸡蛋自己不能太"厉害"，防止鸡蛋把注入其中的病毒杀死。这种鸡蛋还有个专门的名字，叫作"无特定病原体"鸡蛋，也叫 SPF 鸡蛋。

疫苗不只是鸡蛋

鸡蛋生产疫苗的技术在不停地改进，技术非常成熟，已经沿用了几十年。可是一旦禽流感开始流行，威胁到鸡胚，就会对疫苗生产带来潜在影响。如果疫情暴发，人们对疫苗的需求可能急剧上升，但鸡胚疫苗都只能按定好的计划生产，生产灵活度不够。人们开始把目光转向其他原料和技术，其中就有酵母菌。

酵母菌繁殖能力很强，酿酒的时候就有酵母菌帮忙，我们对酵母又特别了解，所以在发酵罐里面利用细胞培养技术生产疫苗很可能会渐渐取代鸡蛋。目前这种技术存在一个前期投入高的缺点，但是可以在需要的时候加大产能，不需要先从养鸡和收集鸡蛋开始，为生命赢得了宝贵的时间。有部分乙肝疫苗和HPV疫苗的生产已经使用了酵母，是一项工艺日趋成熟的技术。

现在疫苗的种类很多，用到的原料多种多样，比如非洲绿猴肾细胞、仓鼠卵巢细胞、大肠杆菌等，用到的技术也越来越多样化。每种疫苗都会有几种不同的生产方式，不同原料和技术的组合能生产出多种疫苗。

就和很多医学技术不断发展一样，疫苗技术也在进行理论和技术上的变化。一方面我们改进现有的疫苗，让它们更有效，成本更低，副作用更小；另一方面我们也在不断探索更加"万能"的疫苗。没准有一天，我们只要接受一次接种，就能抵挡住各路致病微生物的进攻，开启"刀枪不入"的人生。

20

抗生素为什么不能抗病毒

　　去医院看病，即便应对有同样症状的患者，医生也会开出不一样的药方。比如说同样是发烧嗓子疼，有些时候医生会让我们吃头孢类抗生素，但有些时候医生开出的就是奥司他韦，这是为什么呢？

　　与此同时，医生会不厌其烦地告诉大家，千万不要乱吃抗生素，这又是为什么呢？

抗生素是对抗细菌的武器

医生所说的抗生素，常常是指抗细菌抗生素。根据杀灭细菌的方法的不同，我们可以把常见的抗生素分成两大类。

第一类是以青霉素、头孢菌素和万古霉素为代表的抗生素。这些抗生素可以抑制细菌细胞壁的合成。细菌的细胞壁就像鸡蛋的硬壳，如果没有这层硬壳保护，细菌细胞就会因为不断吸水，最终涨破死亡。这就是这类抗生素杀灭细菌的原理。

第二类是以阿奇霉素为代表的抗生素。它们是通过抑制细菌蛋白质合成，达到杀灭细菌的目的。说来有意思，这些药物会抑制细菌蛋白质合成，但是对人体的蛋白质合成却没有明显影响，所以才能成为对抗细菌的武器。

稍微总结一下抗生素对抗细菌的战斗方式，我们自然就能明白这些武器为什么不能对付病毒了。第一，病毒并没有细胞壁，我们不可能通过抑制细胞壁形成来限制病毒的

增殖；第二，抑制细菌蛋白质合成的药物通常无法抑制人类核糖体活动（要不然就连人体细胞一起杀死了），而病毒恰恰是利用人体的核糖体进行自身的复制。所以，抗生素对付病毒的战斗力就是零。

如果滥用抗生素，不仅解决不了病毒感染的问题，还可能在自己身体里培养出"百药不侵"的超级细菌。被超级细菌感染，那真是神仙也救不了。

抗病毒的药物有哪些

到今天为止，人类在与病毒的对抗中仍然处于劣势，但是这并不代表人类束手无策。随着对病毒的研究越来越深入，我们已经有很多对抗病毒的药物。

第一类抗病毒药物的使命，是阻止病毒进入细胞。

曾经有一种治疗流感的神药，叫金刚烷胺（代表性的有快克），这种药物就可以阻止流感病毒进入人体细胞，曾经对甲流有很好的疗效。

遗憾的是，最近出现的很多流感病毒对金刚烷胺拥有抗药性，于是这种药物的出场频率也越来越低了。

如果已经进入人体细胞怎么办？别着急，人类也并非没有武器。

第二类药物，阻止病毒生产遗传物质。

病毒在人体内需要依靠人体细胞的"生化工厂"制造蛋白质，以及新的遗传成分。针对于此，有一类药物的作用可以用偷天换日来形容，就是这些药物分子冒充病毒所需要的原料冲进修建病毒大厦的工地，并最终引发整个工地停工，达到抑制病毒的作用。比如说常见的阿昔洛韦就可以与病毒 DNA 链结合，让病毒 DNA 链的合成中止。

第三类药物，阻止病毒组装和成熟。

病毒完成基本的复制和蛋白质合成之后，还需要做成熟的加工过程。就好像铸造好的毛坯，必须经过精加工才能成为可以使用的产品。蛋白酶抑制剂可以从这个方面使病毒颗粒无法成熟，抑制病毒的复制。在对抗 HIV 的战斗中，蛋白酶抑制剂是非常重要的战斗武器。

第四类药物，阻止病毒释放。

即便是病毒已经复制完所有所需的蛋白质和遗传物质，我们还有一种方法来对抗病毒，那就是，不让已经完整复制的病毒从人体细胞中放出去，把它们钉死在细胞膜上。奥司他韦是这类药物的代表。

药物也需要设计师

在人类对抗疾病的历史上，使用的药物大多是从天然生物中提取来的，要么是依靠经验进行合成的。但是，对抗流感的药物奥司他韦是一种颠覆性的药物，在这种药物的研发过程中，人们大量应用了计算机辅助药物设计的手段，根据靶酶的三维结构有针对性地设计了高效、低毒、专一性强的神经氨酸酶抑制剂。

所以，在今后的药物开发中，计算机设计工作会越来越重要。

21

口罩、消毒液，预防病毒的武器你用对了吗

　　中国有句古话叫"防患于未然"，说的就是控制风险的重要性。这句话用在传染病防控这件事上，再合适不过了。到目前为止，隔离防护，仍然是人类对付病毒的有效方法。但并不是所有口罩和消毒液都是对病毒有效的。

口罩你选对了吗

口罩要起到防护效果，有两个关键点：一是病毒沾不上，二是病毒透不过。

先说沾不上。与呼吸道疾病相关的病毒通常是混合在咳嗽、打喷嚏产生的飞沫中传播的，这些飞沫也会给病毒提供暂时栖身之所。那么，不让这些飞沫沾到口罩上，就可以有效避免感染。医用外科口罩防病毒的关键就在于它们表面的疏水涂层——其实疏水涂层并不是什么新鲜事儿，在自然界早就有先例。

周敦颐《爱莲说》中有一句："出淤泥而不染，濯清涟而不妖。"干净和温和是荷叶身上的标签。这是因为荷叶上布满了纳米级的颗粒，这些颗粒比水滴要小得多。在滚动的时候，水滴并不会沾在荷叶之上，反而是把这些颗粒之间的灰尘带走，把荷叶洗得干干净净。而人类开发出来的疏水涂层就是在口罩表面形成很多纳米级的小颗粒，让飞沫无法沾在口罩表面。

与此同时，评判口罩优劣还有孔隙够不够小。在前面的文章中我们已经说过，病毒具有穿过陶瓷孔隙的能力。所以那些看似致密的棉布其实并不能有效阻隔病毒穿越。

普通的棉口罩和海绵口罩因为孔隙太大而无法有效阻隔病毒。但是在物资短缺的情况下，仍然可以起到一定的防护作用，特别是可以给患者佩戴，减少因为咳嗽而释放出来的飞沫。

消毒液要用对

除了口罩，使用适当的消毒液，也是对抗病毒的有效手段。我们再来盘点一下常见的消毒液，以及它们的使用方法。

1.84 消毒液

主要成分：次氯酸钠

消毒原理：具有强氧化性，可以氧化破坏有机物，可以有效杀灭病毒。

注意事项：不能与洁厕灵同时使用，否则次氯酸与盐酸发生反应，产生黄绿色的氯气，可以让人中毒。

2. 滴露消毒液

主要成分：对氯间二甲苯酚

消毒原理：对于革兰氏阳性菌来说，非常有效，它的工作原理是破坏细胞壁和停止酶的功能。然而，对病毒的影响是有限的，因为病毒没有细胞壁和酶系统。

注意事项：除菌有效，但不能对付病毒。

3. 来苏水

主要成分：甲酚

消毒原理：由于在水中溶解度低，常配成含50％甲酚肥皂溶液，能杀灭亲脂性病毒。

注意事项：不能杀灭亲水病毒，不能杀灭细菌芽孢。

4. 双氧水

主要成分：过氧化氢

消毒原理：氧化剂，破坏蛋白质，杀灭病毒和细菌的原理类似于84消毒液。

注意事项：过氧化氢容易分解，通常以水溶液形态保存。

5. 苯扎氯铵消毒湿巾

主要成分：苯扎氯铵

消毒原理：杀菌机制被认为是破坏分子间的交互作用。这可能会导致细胞膜脂质双层的瓦解，影响细胞质渗透性的控制并导致细胞质的泄漏，其他存在于细菌细胞中的生物分子也同样会被分解。可以对付细菌和部分病毒。

注意事项：这种成分对鱼类来说是剧毒，对水生无脊椎动物的毒性非常高，对鸟类是中等毒性，对哺乳动物来说是轻微毒性。养宠物的朋友要注意。

6. 酒精

主要成分：酒精

消毒原理：酒精杀灭细菌是因为它们可以让细菌蛋白质凝固。酒精能够杀死病毒，是因为它可以溶解掉病毒的脂质外套膜，从而杀死病毒。

注意事项：高浓度的酒精会迅速让细菌表面的蛋白质凝固，反而不能深入细菌体内，这相当于给细菌穿上了盔甲。所以，通常医用酒精的浓度是75%，而不是100%。

另外，酒精是易燃易爆品，只能做擦拭消毒，不能在空间中喷洒。

84 消毒液

滴露消毒液

来苏水（甲酚）

苯扎氯铵消毒湿巾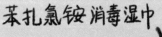

双氧水

酒精

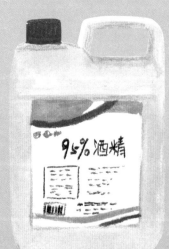

95% 酒精

医用酒精

22

新型冠状病毒，救治隔离显神效

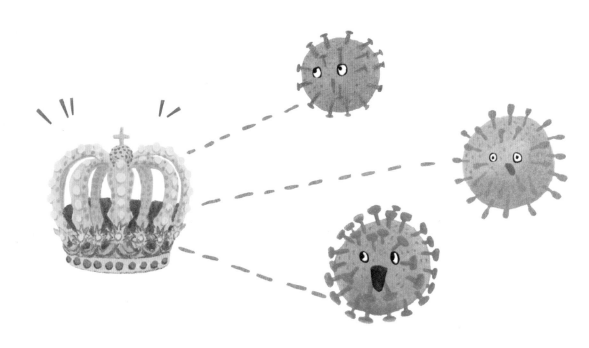

2020 年初，中国人民度过了一段令人难忘的时光，举国上下经历了一场没有硝烟的战争。敌人的名字叫作"新型冠状病毒"，由它引发的急性呼吸道疾病，我们叫作"新型冠状病毒肺炎"，为了便于称呼还简称为"新冠肺炎"。

冠状病毒，长得像皇冠的病毒

病毒通常都很小，在普通的显微镜下，我们很难发现它们。好在我们还有更加强大的电子显微镜。一个中世纪欧洲皇冠样子的病毒呈现在我们面前，顺理成章的，科学家管这类病毒称作"冠状病毒"。

冠状病毒现在听起来挺可怕，但是这一家族的不同成员，对人类下手也分轻重。早在 1965 年的时候，人体中就已经发现冠状病毒了，由于没有什么"大作为"，一直被人们当作"小透明"。实际上，我们日常生活中经常和四种冠状病毒发生来往，好在它们的捣乱能力有限，通常只会让人们发生普通感冒或者轻微的呼吸道疾病。

直到冠状病毒中的狠角色开始登场，人们开始谈"冠"色变。2003 年的时候，导致非典型肺炎的 SARS 冠状病毒来了，它传播能力较强，还会让人产生严重的呼吸道症状。所幸当年就控制住了非典疫情，而且再也没有发生过流行。2012 年的时候，冠状病毒家族又有新成员搅动了中东世界，仍然是严重的呼吸道症状，最终被定名为"中东呼吸综合征冠状病毒"，也就是 MERS 病毒。目前 MERS 每年都有散发的案例，好在并没有造成世界范围内的大流行。

在 2020 年初暴发的新型冠状病毒，是首次发现在人与人之间传播，所以名字中才有了"新型"二字。

快速行动，科学防范与救治

相同种类的病毒，引发的症状比较相似，传播的方式也有类似的地方。所以当新冠肺炎开始流行的时候，我们马上就有了基本的应对方案。

堵住源头很重要，可以避免病毒从自然界源源不断地输入人群。具体来说，冠状病毒是一种 RNA 病毒，是病毒就需要在宿主身上存活。在来到人体之前，它可能就待在蝙蝠、骆驼、果子狸等动物的身上，这些动物就是病毒的天然宿主。在偶然的机会下，这些病毒会从动物跑到人身上引发疾病。所以第一时间我们会关闭可能存在问题的动物交易市场，并发出警告，让大家减少接触野生动物。

接下来就要继续摸清病毒传播的规律，特点类似不等于完全相同。冠状病毒喜欢经飞沫和密切接触传播，戴口罩和减少接触的经验马上就能借鉴。在救治过程中如果发现其他传播方式，再分别设计应对措施。病毒的潜伏期也是个很重要的指标，可以帮助我们确定比较稳妥的隔离期。新冠肺炎的隔离期是14天，被隔离的人14天后确定没有染病，那就可以解除观察了。

减少人员流动，控制人与人之间的接触，可以说春节居家为这件事提供了良好的条件。再加上人们和社区力量一起合作，减少出门，加强防护意识和个人卫生要求。随着时间的推移，这些方法有效抑制了疫情的扩大。

除了防范，救治当然是最受人关注的环节，医院毫无悬念地成了救治的核心力量。按照新冠肺炎的传播特点，设置专门的定点医院，改造病房更好地适应救治需求。在疫情最为严重的武汉市，短短几天时间就相继建成了火神山和雷神山两座医院，拥有强大的收治能力。光有医院还不够，军队和全国各省市都派出了医疗队前来支援，一时间全国最精锐的医疗资源聚集一处。

　　不断提高诊断能力也发挥了重要作用，将正常人、疑似病例和确诊病例快速区分开来，做到有序安排医疗资源救助。有症状的疑似病例就安排确诊，确诊的人就安排治疗，正常人如果和病人有过接触就安排隔离。

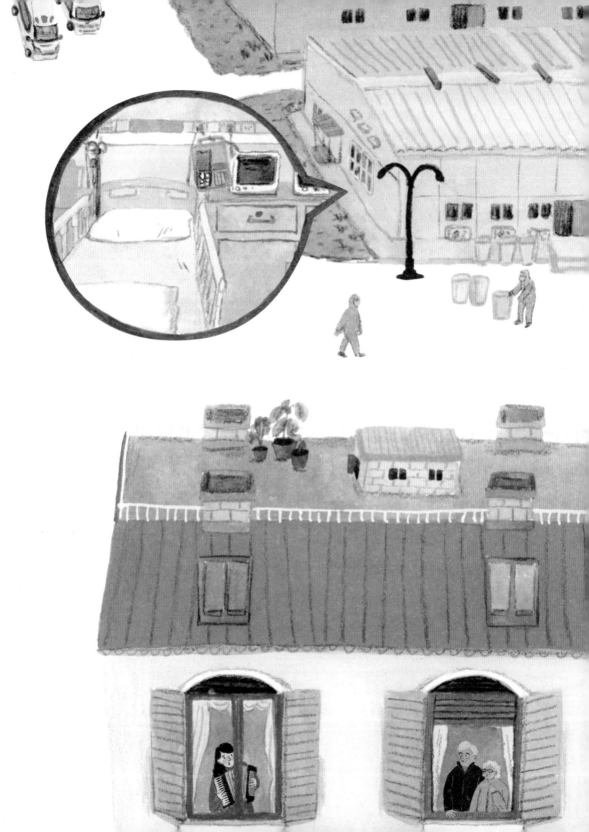

方舱医院，生命的转折点

专门的治疗定点医院有了，但是这不可能满足所有病人的需求，一般的医院和社区医院又没有能力诊疗新冠肺炎。如果所有病人全都涌入少数几家医院，一方面医院无法按照轻重缓急来合理应对收治，另一方面医院环境会造成更多人感染。医疗体系不能正常运转，会让抗疫难上加难。

这时候方舱医院的诞生，成了整个疫情战役的重要转折点。从方舱医院计划启动，到所有15家方舱医院全部休舱，短短30多天，收治了1.2万名患者。方舱医院配备专业的医护团队、必要的医疗设备，让新冠病人分类救治成为现实。舱内症状较轻的病人会得到医护人员观察治疗，症状加重的病人就转诊到定点医院。此外，从居家隔离转入方舱医院，也减少了很多家庭成员之间的传播，进一步减少了感染机会。患者从方舱医院出院后，还会进入统一隔离场所继续观察14天。从病人等病床，到病床等病人，方舱医院做出了很大的贡献。

从确定病原，到不断更新的诊疗方案，再到医疗、救治、隔离体系的飞速完善，中国不光在很短的时间内就掌握了对抗新冠肺炎的方法，而且还为世界范围内开展救治提供了可以参考的经验。

23

SARS：用 15 年寻找一个病毒的源头

　　有一群科学家，为了不让野外病毒跑到人身上来，让自己成为"病毒猎人"。这一追就是 15 年，为我们找到了 SARS 病毒的老家，顺便揭开了病毒传播之路。

疫情平息，研究起步

2003 年前后，中国流行过一阵非典型肺炎，也就是"非典"。一开始是在广东地区集中暴发，随后波及全国乃至世界。到了 2003 年 3 月，终于弄清楚了病因，科学家在病人身上找到了一种冠状病毒，最后定名为 SARS 冠状病毒。经过全国各行各业的努力，当年就把非典疫情全面解决，从此非典就从人们的视野中消失了。

就在所有人都松了一口气的时候，科学家仍然在思考，SARS 是一种全新的病毒，只有找到了它的源头，才有可能阻止它卷土重来。可是病人都没了，上哪里找病毒呢？科学家选择回到最初暴发的地方进行调查。按照最早有据可循的 11 个病例来看，病人都和野生动物有过接触，地点则最有可能是野生动物交易的市场。

科学家从野生动物批发市场的工作人员身上采集了一批血样，从中检测出 SARS 病毒的抗体。抗体就是人体的免疫系统抗击过病毒之后留下的记忆，保证自己不会在一定时间内再次被感染。这意味着那里很多人都接触并感染过 SARS 病毒。有了这条线索，说明传播病毒的野生动物很可能就在这个市场里。顺藤摸瓜，很快科学家就锁定了果子狸，它身上的 SARS 病毒和人类身上的 SARS 病毒几乎一模一样。有关部门宣布，果子狸和此次 SARS 病毒传播有直接关系。

一定要找到你

果子狸是活跃在中国很多地方的野生动物，并不是国人餐桌上的常客。古书上偶有记载食用果子狸，也仅仅是当作一种山上打来的野味。为了迎合现代一小部分人吃"野味"的陋习，市场中便有人贩卖，甚至还诞生了果子狸养殖场。

科学家在后续的调查中去了全国各地的果子狸养殖场，意外的是并没有找到 SARS

病毒，野外的果子狸身上也没有。事情又变得扑朔迷离，看来这个病毒的终极来源不是果子狸。用科学家的行话说，果子狸只是病毒的中间宿主，病毒的源头叫自然宿主。

中间宿主果子狸实际上也会因为感染SARS病毒而发病，但是自然宿主可以长期携带SARS病毒并与之和平共处。线索到这里就断了，但是科学家没有放弃，经过分析，他们认为蝙蝠有一定的嫌疑。为了这个猜测，科学家团队开启了跋山涉水、翻山越岭的旅行模式。不同于游山玩水，他们去的是不太能被人打扰的蝙蝠栖息地，地势凶险不说，有些洞口小到只有瘦小的人才能钻进去。结果和大海捞针一样，找不到任何头绪。科学家只好又回到实验室，去寻找缩小范围的手段，然后再出发。

蝙蝠是一种昼伏夜出的动物，科学家研究它们，晚上得熬夜，白天得去捡拾蝙蝠的粪便。既要减少对它们的打扰，又要尽可能多收集信息，还得做好卫生防护。从2004

年开始，科学家团队跑了 28 个省市，1420 余个采样点。终于，到了 2011 年，在云南的一个蝙蝠洞中找到了和人体 SARS 病毒高度相似的病毒。接下来的 5 年，科学家团队每年都来这个洞采集两次病毒。最终认定人类感染的 SARS 病毒，就是从这个蝙蝠洞流出来的，同时也宣布了中华菊头蝠为自然宿主。

是人类主动接触了病毒

先是全国暴发的疾病，回到源头，又在全国找寻，最后锁定在云南的一个蝙蝠洞中，再经过严谨的实验室分析，多次发表研究成果，最后一次发表结论是在 2017 年，离非典已经有 15 年之久。病毒源头找到了，中间宿主找到了，可是云南的蝙蝠是怎么把病毒送到广东这么远的地方的呢？科学家给出了一个合理的解释。

云南盛产水果，中华菊头蝠是个以果子为食物的动物。果子狸和蝙蝠的生活范围有了重叠，这就给病毒的跨物种传播制造了机会。然后有人正好捉到了沾染了病毒的果子狸，并把它送到了广东的市场。本来果子狸已经是个受害者了，遗憾的是人类贸易将病毒带入了我们的生活。

一桩"大案"，科学家帮我们破了，但是仍有新的威胁不时地接近人类。我们不可能远离病毒，地球不是专属于人类自己的地球，人类需要尊重地球上所有的生命，与之和谐相处。

24

为什么现代的传染病更可怕

在希腊神话中，普罗米修斯把光明之火带给人类，但同时也激怒了宙斯，作为惩罚，众神之王把潘多拉送到了人间，当她出于好奇打开了魔盒，所有能想象到的悲哀都涌了出来……从那一刻起，疾病日日夜夜侵袭人类，悄无声息地带来灾祸。

虽然，"潘多拉的盒子"只是一则古老的寓言，却揭示了不少真理。

聚居与疾病

人类的祖先，起初只是以几十个人聚居的形式分散生活，人口的低密度减少了病毒、细菌等传播的机会。因此，人类并没有感染诸如天花或麻疹等传染病的困扰，因为，这些病原体的传播都依赖大量聚居的人群。

同时，那时的人们靠打猎和采集野果来获得食物，这种生活方式也使他们避免了许多其他疾病——人们时常迁徙，不会长时间在一个地方定居，没有固定垃圾堆和污染的水源，便不会吸引携带病原体的蚊虫。

从大约一万年前，人类定居了下来，开始农耕生活，并驯养动物，这让他们有了稳定的粮食、肉类、兽皮、奶类、蛋类的来源。但是，坏的影响是，人类的健康状况也开始变糟。家畜为病原体的生长提供了繁殖场所，比如，麻疹可能是由牛瘟或狗瘟引起的，天花可能是牛瘟对人类长期适应演化的产物。

"旧轮胎国际贸易"与白纹伊蚊

我们知道，一个人去接近传染源是传染病传播和扩散的一个关键因素，而时间和距离是预防传染病的天然屏障。如果说，一万年前农业、畜牧业和驯养生活的发展，给传染病提供了机会，那么今天，现代技术则给疾病的传播带来了新的问题——让传染病离我们只有一架飞机的距离——比如，那架飞机上恰巧有一只携带病毒的白纹伊蚊……

1983年，当时在美国疾控中心（CDC）工作的昆虫学家保罗·瑞特在田纳西州孟菲斯市的一个枝叶繁茂的墓地中，发现了一只原产于东南亚和印度的白纹伊蚊，他非常惊讶，简直无法想象这种蚊子是如何到达那里的。

两年后，在到处是废旧轮胎的得克萨斯州休斯敦市郊外，又有人报告了这种蚊子。这给了瑞特很大的启发，于是，这位昆虫学家将猎蚊的侦查工作转向了"旧轮胎国际贸易"——那时候，每年有数百万轮胎从日本和德国运到美国，这些国家对轮胎的磨损和翻新使用有着严格的规定，但是，美国的这些规定相对宽松，而休斯敦恰恰是翻新旧轮胎的中心。

因为二手轮胎里阴暗潮湿，积满水后不容易蒸发，所以，它们成了蚊子的理想繁殖地。就这样，蚊子漂洋过海来到了新大陆。1987 年，瑞特等人发表了一篇科学论文，其中提到，美国出现的白纹伊蚊可能来自日本，它们先是适应了日本寒冷的冬季，存活了下来，然后又在另一个大洲扎根。

　　在实验室里，白纹伊蚊可以感染各种各样令人眼花缭乱的病毒；在现实生活中，它也可以传播登革热、基孔肯雅热及黄热病等。白纹伊蚊是一种适应能力极强的蚊子，它们的足迹已经遍及 70 多个国家。

全世界共同努力：
控制传染病的唯一解决方案

如今，我们可以去世界上的任何一个地方旅行，可以吃到来自世界各地的食物，一台电脑的零部件可能来自世界的每个角落——全球化当然有它的好处。

但是，随着全球经济把各国联系得更紧密，人类、动物和食物比以往任何时候都更频繁、更容易地在世界各地流动，并携带着传染源。疾病也不再局限于某个区域——埃博拉病毒可以传入美国和欧洲，中东呼吸综合征也可以从沙特阿拉伯传入韩国。

世界上任何一处发生的疫情都是对全球的威胁，只有更多的合作和更好的交流，全球共同为控制传染病努力，才是唯一的解决方案。

25

打防疫针的知识

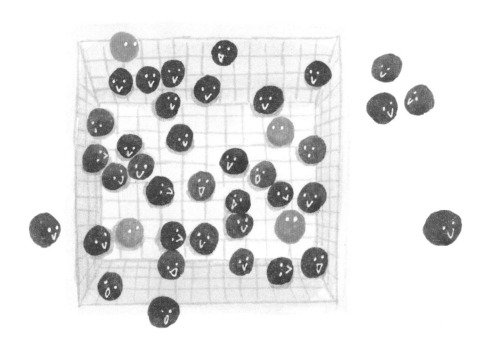

　　在去幼儿园和小学报名的时候，同学们都会带上一个小本本，这个小本本上记录了每个人接种疫苗的种类和接种时间。如果没有这个小本本，就需要去社区卫生中心补种疫苗，拿到这个疫苗接种本之后才能报名上学。

　　为什么不接种疫苗就不能上学呢？

种牛痘和卡介苗

在 20 世纪 80 年代之前，所有小朋友都要去种牛痘（天花疫苗）。所以在绝大多数"七零后""八零后"的上臂处都有一个明显的伤疤，那就是接种牛痘留下的疤痕。虽然今天的小朋友已经不再种牛痘了，但是疫苗接种仍然是每个人需要经历的事情。

到今天为止，人类已经有很多对抗传染病的手段，比如我们有对抗肺结核的药物，有对抗流感的药物。但是很多药物并不能完全清除人体内的病毒和有害微生物，更麻烦的是，很多疾病会对人体造成不可逆的损伤，比如乙肝病毒带来的肝脏功能损伤，结核菌造成的肺功能下降等。所以，让病毒无法感染人的隐形盔甲——疫苗，就成了人类对抗病毒最好的武器。

为什么对于未成年人的疫苗接种要求如此严格呢？那是因为学校是典型的人群聚集场所，教室的密闭空间，同学们的亲密接触，都为病毒传播创造了条件。那么从源头上遏制传染病的发生就成了唯一的解决方案，而实际操作的方法就是要求大家必须接种疫苗。

从 1986 年开始，中国每一个出生的婴儿都需要接种卡介苗，这是对付结核病的疫苗。经过多年的努力，肺结核的发病率已经显著下降。历史故事中的肺痨病已经不是常见的疾病了。而这一切都是疫苗的功劳。

群体免疫的重要性

疫苗接种并不能 100% 让所有人获得针对病毒的免疫力，因为有些人即便接种了疫苗，也无法产生对付病毒的抗体。但是我们仍然需要坚持接种疫苗，因为群体免疫会给大家带来共同的收益。

那么，什么是群体免疫呢？在之前的文章中，我们已经完整地给大家介绍了接种疫苗对抗疾病的原理。这个过程就像给健康人穿上了对抗病毒的隐形铠甲。

如果绝大多数人都获得免疫力，那么其他没有免疫力的个体也会因此受到保护而不被传染。其实道理很简单，我们想象一下在一个混杂有绿色小球和红色小球的池子里面，如果红色小球的数量越多，那么绿色小球互相接触的可能性就越低，因为绿色小球周围的空隙几乎都被红色小球占领了，绿色小球们也因此被隔绝开了。

　　红色小球就相当于对病毒有抵抗力的人群，而绿色小球相当于容易感染的人群。拥有抵抗力的个体的比例越高，那些易感个体与受感染个体间接触的可能性就会变得越小，这样就阻断了病毒在人群中的传播。

　　所以，不管从什么角度来看，接种疫苗对于所有人都是非常重要的。

中国法定疫苗历史

1989年2月21日，第七届全国人民代表大会常务委员会第六次会议通过的《中华人民共和国传染病防治法》中首次提到了国家免疫规划项目。包含乙型肝炎疫苗、卡介苗、脊髓灰质炎三型混合疫苗、百白破三联疫苗、麻疹疫苗和白破二联疫苗在内的六种疫苗，成为所有适龄公民都需要接种的基础疫苗。

2008年4月1日，中华人民共和国卫生部发布了《关于实施扩大国家免疫规划的通知》，在原有疫苗的基础上将甲型肝炎疫苗、流行性脑膜炎荚膜多糖疫苗、流行性乙型脑炎疫苗、麻腮风三联疫苗、无细胞百白破三联疫苗纳入国家免疫规划，对适龄儿童实行预防接种。

这些免疫计划的顺利实施，为抗击传染病做出了突出贡献。所以配合疫苗接种，不仅仅是自己的事情，更是有利于家人和社会的事情。

流感疫苗要不要接种

如前文所说，流感病毒作为一种RNA病毒有着极强的变异性。当我们的免疫系统做好准备的时候，它们却有可能改头换面"骗"过免疫系统，继续感染人类。但是这并不能成为拒绝接种疫苗的依据——实际上，卫生防疫机构每年都会预判流感病毒的类型，并准备相应的疫苗进行接种，这样会极大降低流感大暴发的可能性。

所以，配合进行流感疫苗的接种，不仅可以保护自己，还能保护家人。

26

抗疫精神一脉相传，让中华文明生生不息

　　中华文明延绵不断几千年，除了璀璨的文化，曲折和磨难一样写满了整个历史。可以说历经多少岁月，就和自然抗争了多久。其中与瘟疫的抗争，自然是要写入我们这部波澜壮阔的民族史。

隔离不是新发明，自古就有

早在夏商周时期，人们就已经认识到有些病可以在人与人之间互相传染，健康的人有回避传染病病人的意识，还会把染病的人用栅栏隔离起来。到了春秋战国时期，人们发现必须医治染病的人，越早治疗病就好得越快。那会儿疫情一旦有苗头，人们马上就意识到密切接触病人很危险，会采取隔离病人的手段。病人穿过的衣服和用过的物品，都会被处理掉，还要将病人住过的房间仔细打扫。

到了汉朝的时候，疫情暴发之后，政府会找一些民宅空出来，搭建临时隔离场所兼医院。更先进的是，没有钱的穷人也有专门的隔离就医场所。古时候的人就已经明白要尽量收治所有人的重要性了。对于官员来说，如果家里有三个人得一样的病，不管你看起来多么健康，都不用来上朝了，作为密切接触者隔离期是 100 天。

我们借助现代的医学和科技，可以快速了解传染病是什么原因造成的，还可以确定具体的传播途径。虽然古人限于当时的技术水平无法彻底搞懂，但是形成了一整套依赖经验形成的体系。可以看出对待传染病，从古至今，我们对它的处置手法越来越娴熟。

防疫防源头，疫情无处躲

　　每个小朋友都知道注重个人卫生，这对预防传染病来说很重要，古人同样懂这个道理。甲骨文记载有洗手、洗脸、洗脚的内容。商周的时候人们就知道房屋要向阳、干燥，可以利用阳光来消灭看不见的病菌。对待得病的动物也有管理办法，汉朝的时候不允许将病死的动物抛入公共水源中。

　　秦朝的时候对城市街道的卫生要求很高，清扫和洒水都是必要的，环境好了自然传染病就少。城门外来的人，还要用火在马和车上进行一番熏燎，这对寄生虫和病毒都有一些杀灭作用。

　　作为一个美食大国，对入口的东西更是有自己的一套要求。古人对水源管理特别重视，夏朝时期，人们就知道喝井水更安全，而河水容易传播疾病。唐朝人对食物的要求是做熟了再吃，腐烂的不能吃。

由此可见，我们的传统医学观念素来重视预防疾病，预防疾病是中华文明的重要组成部分。从现代的医疗救治理念来看，疫苗的作用，就是在人没有生病的时候让你先有对抗疾病的能力。可以说打老祖宗那里开始，就一直保持着传染病从源头抓起的先进救治思想。

树立信心，瘟疫必退

疫情面前没有旁观者，自古以来有担当的政府都承担了抗击疫情的责任。政府出面抗疫，最直接的效果就是增加了人民的信心。疫情来临之时，如果社会秩序出了问题，带来的麻烦要远超疫情本身带来的危害。政府重视，各行各业也涌现了一批抗疫的能人志士。医生活跃在抗疫一线，东汉张仲景、东晋葛洪、唐代孙思邈无不在抗疫工作中做出了自己的重要贡献，也成就了自己的美名。

文人也没有袖手旁观，举例来说，北宋文学家、书画家苏轼被外放杭州的时候，就算官运不佳，也依然奋勇战斗在抗疫一线。苏东坡一方面积极从朝廷争取救济，一方面还发动民间力量捐款捐物，调集全社会资源来抗疫治病，减少税赋，积极恢复生产。真想称赞一句："干得漂亮啊！"

秦朝时期，不仅是对一些传染病的诊治已经进步了许多，还有了向上汇报的制度。

新中国成立以后，防疫体系和技术手段已经非常先进，疫情上报制度更是做到了分级、细致、快速等特点。很多在中国流传几千年的传染病比如天花直接被根除，霍乱、鼠疫之类的烈性传染病已经非常罕见，还有很多传染病都做到了良好控制。就算在新发传染病面前，我们都能做到快速定位病原，第一时间去控制疫情的发展。

从历史上来看，社会动荡时期容易疫情频发，而社会稳定时期即使出现疫情，也能很快得到控制。没有一个冬天不可逾越，也没有一个春天不会来临。中华民族经历过大大小小的瘟疫，依然屹立不倒，一脉相传的抗疫精神功劳很大。抗疫从古代传统，到现在比较完备的疫情防控及应急处理法律体系，对抗疫情，我们有信心！

27

敌人还是朋友？病毒和人类的关系

从流感到天花，从乙型肝炎到番木瓜绝产，病毒似乎就是同人类对着干的坏家伙。病毒不仅仅造成了人类伤痛、作物减产，甚至拥有摧毁人类文明的能力。到今天为止，很多致病病毒仍然是天生的人类杀手，我们在它们面前似乎也只有被动挨打的份。

但是，人类与病毒之间的关系并非单纯的敌对关系，并且人类更像是闯入病毒世界的新物种，而它们才是这个地球古老的主人。

谁是地球的老房客

病毒的历史有多么久远？要回答这个问题并不容易，因为微小的病毒颗粒并不能形成化石。我们也就不能像判断恐龙生存年代那样来判断病毒的生活时间。不过，科学家们仍然认为病毒的出现时间比我们想象的要早得多——在第一个细胞出现之前，病毒就已经出现在地球上了。

关于病毒的起源有着不同的假说，主要有三种理论。

第一种假说叫逆向假说。病毒可能曾经是一些寄生在较大细胞内的小细胞。随着时间的推移，那些在寄生生活中非必要的蛋白质都被病毒扔掉了，最终变成了依附于细胞生活的特殊结构。

第二种假说被称为细胞起源假说。一些病毒可能是从较大生物体的基因中"逃离"出来的 DNA 或 RNA 进化而来的。这些独立的遗传物质后来就干起了侵染生物的"坏事儿"。

第三种假说是共同进化假说。病毒可能进化自蛋白质和核酸复合物，与细胞同时出现在远古地球，并且一直依赖细胞生命生存至今。所使用的证据是类病毒，这是一类 RNA 分子，但因为缺少由蛋白质形成的衣壳，所以不被认为是病毒。类病毒也可以利用宿主细胞进行自己的复制和扩散。所以，科学家认为这很可能就是病毒的早期形态。

虽然到今天为止，人类还无法获取远古时代的病毒，但是，我们已经发现的病毒就比地球上现存的任何一个人类都年长。2014 年，法国马赛大学的科学家在西伯利亚的冻土中发现了 3 万年前的巨型病毒，并且这些病毒仍然是活的。单从这点来看，病毒就是比智人要古老得多的有机体。

所以，我们在吐槽病毒诸多麻烦的时候，是不是应该思考一个问题，究竟谁才是我们这个地球的老房客？

相爱相杀的朋友

虽然人类面临很多病毒杀手的侵袭和威胁，但是仍然有很多病毒已经演化成为人类的朋友。比如说很多噬菌体就是人类必不可少的健康助手。

与大家的直觉不同，人体并没有一个与环境截然分开的界限。人类的消化道是与外界连通的管子，换句话说，这也是环境的一部分，而在消化道中就生存了大量的微生物，也就构成了独特的微生物生态系统。这里面有一些微生物大名鼎鼎，比如说大肠杆菌。在正常情况下，这种细菌能够依靠分解人类肠道中的食物残渣进行繁殖，同时生产人类所需要的维生素 K。但是如果任由大肠杆菌肆意生长，结果就会破坏人体健康。之所以没有发生这样的事情，就是因为在我们的肠道中还活跃着大量的噬菌体，它们可以破坏大量的大肠杆菌，让肠道这个微型生态系统正常运行。

不仅如此，在人类对农作物进行基因编辑的工作中，病毒也可以成为不可或缺的帮手。因为病毒具有天然的侵染细胞的能力，我们就可以把病毒当作运输目标基因的"运输车"，把需要的基因（比如抗寒和抗旱基因）运送到植物细胞当中去。更不用说还有一些逆转录病毒，可以直接把基因插入目标作物的 DNA 当中去。

病毒不仅可以帮助人类创造新的作物，还可以帮助人类治愈疑难杂症。色素细胞干皮症是一种罕见的遗传病，患者在过度强光照射下引发皮肤癌。这个病症的原因就是因为患者缺乏NER(核苷切除修复位点)导致机体表现出对紫外光辐射的超敏感性。科研人员把修复基因借助逆转录病毒插入患者的DNA当中去，成功治愈了患者的疾病。

未来我们和病毒的关系

在长期的演化过程中，动物与病毒、植物与病毒，甚至细菌与病毒之间都建立起了复杂的关系网。像蝙蝠这样的物种，更是能携带十多种病毒而不发病，这其实也是长期演化过程的结果。

人类作为一个年轻的物种，显然还没有完全适应病毒环境。更麻烦的是，人类的一些极端行为，打破了原有的接触病毒的边界，也就打开了新的潘多拉之盒。不管是疯牛病，还是艾滋病，抑或是后来的新型冠状病毒，很多都起源于非正常的食物生产和加工。恰恰是"用牛喂牛""肆意吃野生动物"这种非正常的行为，促使那些本来与人类相安无事的病毒开始在人群中大肆传播。

人类与病毒亦敌亦友的关系还将持续很长时间。

了解病毒，其实对于我们更好地理解生命，意义重大。

在《猩球崛起》这部科幻电影中，人类利用病毒攻克了阿兹海默症，但是带来了难以承受的恶果。正如影片中所展示的那样，病毒是一柄双刃剑，究竟如何与之相处，是人类需要不断去思考的问题。

⋙ 大字注音版 ⋘

生物饭店
奇奇怪怪的食客与意想不到的食谱

当成语遇到科学

⋙ 彩图版 ⋘

当成语遇到科学

动物界的特种工

花花草草和大树，
我有问题想问你

生物饭店
奇奇怪怪的食客与意想不到的食谱

恐龙、蓝菌和更古老的生命

我们身边的奇妙科学

星空和大地，
藏着那么多秘密

遇到危险怎么办
——我的安全笔记

病毒和人类
共生的世界

灭绝动物
不想和你说再见

细菌王国
看不见的神奇世界

好脏的科学
世界有点重口味

当小古文遇到科学

当古诗词遇到科学

《西游记》里的博物学

全八册套装

包含分册:

· 当成语遇到科学

· 动物界的特种工

· 花花草草和大树,我有问题想问你

· 生物饭店——奇奇怪怪的食客与意想不到的食谱

· 恐龙、蓝菌和更古老的生命

· 我们身边的奇妙科学

· 星空和大地,藏着那么多秘密

· 遇到危险怎么办——我的安全笔记